微地图

闫浩文　王　卓　王小龙　马文骏　著

科学出版社

北京

内 容 简 介

为了弥补传统地图在自媒体时代的缺陷，本书提出一种新的地图形式——微地图。微地图制作门槛低、内容少、速度快，传播方式多样且便捷。本书给出微地图的定义、分类、特点，分析微地图的用户并论述了其建模方式，提出基于视觉变量的微地图符号制作方法，介绍微地图手绘制图、手势制图与语义制图的技术，阐释微地图的传播方式、应用领域和平台系统构建方法。

本书可供测绘、地理、信息等相关领域的专家和学者参阅，亦可作为相关专业研究生的教学参考用书。

图书在版编目（CIP）数据

微地图/闫浩文等著. —北京：科学出版社，2024.3
ISBN 978-7-03-078134-5

Ⅰ. ①微…　Ⅱ. ①闫…　Ⅲ. ①地图集　Ⅳ. ①P28

中国国家版本馆 CIP 数据核字（2024）第 037077 号

责任编辑：杨帅英　赵晶雪 / 责任校对：郝甜甜
责任印制：徐晓晨 / 封面设计：图阅社

科 学 出 版 社 出版
北京东黄城根北街 16 号
邮政编码：100717
http://www.sciencep.com
北京建宏印刷有限公司印刷
科学出版社发行　　各地新华书店经销
*
2024 年 3 月第 一 版　　开本：787×1092 1/16
2024 年 3 月第一次印刷　　印张：10 1/4
字数：245 000
定价：115.00 元
（如有印装质量问题，我社负责调换）

前　　言

10 年前甚至更早，地图学与地理信息科学在学术界掀起了研究和建设国家空间数据基础设施的热潮，在 4D［数字线划地图（DLG）、数字栅格地图（DRG）、数字高程模型（DEM）、数字正射影像图（DOM）］产品之后提出了全空间信息系统的构想。学术界和产业界都追求在地图上表达的地理信息大而全，这种趋向导致地图存在两方面的问题：①对于使用地图的个体而言，其并不需要海量的地图数据，每次需要的只是地图上很小的区域和数量很少的要素。大而全的地图数据对个体用户而言在绝大多数情况下是信息的冗余，干扰了用户快速获取真正需要的信息。②大而全的信息使地图的符号化表达变得困难，而且海量的信息使地图的传输速度变得缓慢，给用户使用地图带来了不便。

为了克服传统地图的这两个缺陷，笔者于 2014 年提出了微地图的概念，并带领团队对微地图进行了近 10 年的探索，取得了一些研究成果，主要包括以下几个方面。

（1）从传统地图在制作、传播上的缺陷出发，提出了微地图的概念，定义了微地图的内涵，给出了微地图的分类体系，阐述了微地图的特点。

（2）对微地图用户进行建模是微地图制作和传播的基础。分析了微地图用户的构成、分类、特点，提出了微地图用户的建模方法、用户关联规则的挖掘方法、微地图用户模型的设计与实现方法等。

（3）微地图符号是微地图的语言。给出了微地图符号的特点，阐述了微地图符号的视觉变量，由此给出了微地图符号的制作方法，包括普通符号的制作方法和个性化符号的制作方法。

（4）重点研究了微地图的手绘制图、手势制图和语义制图的制作方法，这三类是可以快速进行微地图制作的方法。

（5）提出了微地图个性化传播的核心问题，介绍了推荐系统及其基本架构、原理，以及微地图冷启动推荐的解决案例。

（6）提出了微地图几类典型的应用，包括微地图地标辅助寻路、微地图导航辅助寻路、微地图灾害救援等。

（7）提出了微地图平台系统的功能设计和实现方法，包括微地图平台的需求分析、界面与功能设计、总体架构等。

以上成果构成了本书的核心内容，分别由闫浩文（第 1 章、第 2 章、第 3 章、第 8 章）、王卓（第 4 章、第 7 章）、马文骏（第 5 章）、王小龙（第 6 章）撰写完成。全书由闫浩文进行统稿工作。

本书的出版得到国家自然科学基金重点项目（编号：41930101）、面上项目（编号：41671447）、中央引导地方科技发展资金项目（编号：YDZX20216200001803）、甘肃省高等学校产业支撑计划项目（编号：2022CYZC-30）和甘肃省拔尖领军人才培养计划项目的联合资助。

　　感谢张黎明教授、张立峰教授、杨维芳教授、禄小敏博士、刘涛教授、段焕娥博士、王海鹰博士和博士研究生李蓬勃、杨绮丽及硕士研究生王炳瑄、张剑、白娅兰、李心雨、闫晓婧、何阳、富璇、马犇等在研究和成书过程中给予的帮助。

　　鉴于笔者的水平与学识有限，书中的观点和论述可能挂一漏万，遣词造句不免存在瑕疵。本书权为抛砖引玉，文存疏漏，责在笔者。谨此就教于同行之先辈、同龄与后学，望不吝指教。

闫浩文

2023 年 10 月于兰州

目　　录

第1章 绪 论

1.1 问 题 来 源

地图是地理空间信息的载体和传递工具,对人类的生存、生活至关重要。从信息传输方式来看,地图发展主要经历了两个阶段(Harley and Woodward, 1992; Harley, 2002):一是地图信息的线性传播阶段,此时印刷术尚未出现,以纸张、石碑、墙壁、布帛等可见实体为载体,以"孤本"的形式存在(如最早的古巴比伦地图),信息传播能力极其受限(王家耀,2014)。二是地图信息"由点到面"的中心发散传播阶段,该阶段的地图主要包括印刷地图和电子地图。在这两个阶段中,地图的传播对象不偏向于个体而侧重于群体,故可以把它们统称为地图信息的"广播"式传播阶段。

广播式的地图信息传播虽然对于地图学发展居功甚伟,但受当时条件的限制,地图制作和信息传播仍然存在以下缺陷。

(1)地图制作的成本高、周期长,更新速度慢。

(2)地图由专业人员/平台制作,图面表达严肃有余而活泼不足,缺乏个性。

(3)地图制作人员入门门槛较高,一般要求地图制作员必须掌握专业的地图学知识,经过专门的地图制图训练。

(4)地图上表示的信息和用户需要的信息不一致,这种不一致表现为信息量和内容上的不一致,导致地图信息的冗余和不足共存的弊端。

(5)地图多由权威部门发布,传播速度慢,不能满足用户快速、多变、灵活响应的需求。

纵观世界潮流,现在的信息传播已经进入了自媒体(we media)时代(赵前卫和马缘园,2014),即公民以电子化手段向不特定的大多数或者特定个人传递规范性及非规范性的信息。自媒体的公民信息"淹没"了传统媒体信息。

自媒体信息传播的特点是平民化、个性化、低门槛、易操作、微内容(microcontent)、交互强、传播快等,其表现形式如博客(blog)、微博(microblog)、微信(wechat)、贴吧(post bar)、电子公告服务(BBS)(申金霞,2012;相德宝,2012)。显然,与自媒体相比,当前作为地理空间信息载体的地图则共性强、制作门槛高、内容多、更新难、传播慢,不能满足自媒体时代大众对地理信息传播的需要。

因此,下面从地图历史发展的脉络中详细梳理地图在制作和信息传输方面的缺陷,以阐释提出微地图概念的必要性。

1.1.1 地图制作技术

地图作为人类认识和反映客观世界的重要手段,其历史与文字一样源远流长,是人类文明发展进程的重要佐证（Harley and Woodward，1995）。地图的制作技术随着人类文明程度的提高和科学技术的进步而不断发展。

远古的人类只能用非常简单的方法来描绘生活环境，采用示意符号来表达地图内容，地图的精度很低，代表性的地图如古巴比伦人绘在黏土上的世界地图①、中国古代的九鼎图等。在公元前 8 世纪～公元前 6 世纪，古希腊学者已经认识到地球是椭球体，提出了比例尺的概念，并使用经纬线来绘图（王自强和周晨，1992）。公元前 2 世纪，希腊人创建了圆锥投影、圆柱投影，为地图制图发展奠定了数学基础（Avram，2010）。公元 2 世纪，希腊地图学的发展达到了顶峰，标志就是托勒密论述地图制作理论的《地理学指南》（Jacob，2006）。公元 3 世纪，中国西晋的裴秀提出了"制图六体"理论与"计里画方"的制图方法，认为地图制作应遵循 6 个原则，即"分率、准望、道里、高下、方邪、迁直"。此后，唐代的贾耽提出了地图绘制的"古墨今朱"法，明代的罗洪先完成了我国最早的综合性地图集《广舆图》，清代学者编纂有著名的《皇舆全览图》，说明那时的地图集编制技术已非常成熟。同时期的欧洲，为了满足航海探险的需要出现了波托兰诺海图、卡泰兰地图、墨卡托地图投影（Kivelson，2006）。

18 世纪，实测地形图的出现使地图学从地理学中独立出来并开始快速发展。随着地图的完善，出现了不断改进的制图方法和关于制作地图的理论。20 世纪中期开始的计算机制图技术，已经发展到可以投入大规模生产的阶段。经过数十年技术变革和理论上的拓展，现代地图学的基础已经相对成熟，包括①理论地图学：地图信息论、地图信息传递论、地图感受论、地图模型论、地图空间认知理论、地图信息可视化理论、地图符号论和制图综合理论；②地图制图学：普通地图制图学、专题地图制图学、遥感制图学、计算机制图学和地图制印学；③应用地图学：地图分析、地图解释和应用。

在最近半个多世纪里，以计算机为主体的电子设备的应用彻底改变了现代制图工艺，完成了从手工制图到电子制图的跨越。这种革命性的跨越不但大大缩短了成图周期，减轻了制图人员的劳动强度，丰富了地图内容，提高了地图的标准化程度，更重要的是出现了数字地图，开辟了地图应用的新领域（闫浩文和王家耀，2009）。可视化方法的研究、多媒体技术的应用同地理信息系统（GIS）、全球定位系统（GPS）以及遥感（RS）技术的结合，使地图的使用范围空前扩大，在社会经济和人民生活中的作用越来越大。

简言之，地图制作技术随时代的变化得到了巨大的发展，主要表现在以下两个方面。

（1）地图的载体已从实物化发展为数字化，使得地图的信息负载能力极大提高且地图的信息传输变得快速而便捷。

（2）地图制作与遥感、地理信息系统等高新技术的结合使得地图上可表示的内容和表示方法增多，地图精度极大提高，成图周期以几何级数缩短，制作成本大大下降。

1.1.2　地图传播方式

远古时期，人类社会组织结构松散，科技水平低下，地图以黏土、石块等为载体，

---

① Deeley N. 2001. The international boundary of East Timor//Furness S, Schofield C. Boundary and Territory Briefing. Durham: IBRU.

所以其传播范围小，影响人群少。随着科技的进步，人们采用手持工具进行地图制作，如毛笔（西方采用羽管笔）、雕刻刀、小钢笔、针管笔等各种工具，地图精度有很大的提高，地图的用途和使用人群得以扩大（余定国，2010）。这个阶段的地图由手工绘、刻而成，成图速度不快，地图无法复制，应用基本局限于政治、军事等领域，用户数量极其有限。16 世纪末期开始，铜版印刷术和造纸技术在西方的成熟使地图出版业得到了发展（Veres，2012），拓宽了地图的应用范围，增加了地图的用户数量（张清浦，1987）。19 世纪，照相术的发明及其与平版印刷技术、彩色印刷技术、蓝印技术的结合是地图制作业发展的标志性节点（Murray，2009）。此后，拼版彩色地图开始普及，地图使用比较廉价的方法大规模复制，地图用户数量大量增加（郝敏敏，2010）。到了 20 世纪前期，世界上出现了许多地图出版社和公司等营业机构，地图制作业成为一个引人注目的行业，广泛地影响着人类的政治、军事、国防、经济、文化等各个方面（牛汝辰，2004）。20 世纪中叶开始，电子计算机的发明催生了电子地图，而网络技术的出现则使电子地图制作技术和地图的传播方式发生了翻天覆地的变化（刘沛兰和胡毓钜，　2001）。计算机地图制图、地图数据库与遥感、地理信息系统、多媒体技术的结合使地图制作、更新的速度极大地提高，地图的品种极大地丰富，地图的应用几乎涉足了人类社会的各个领域。由于电子设备和互联网的支持，地图的分发方式变得多样化，电子地图的传播便捷而高效，传统纸张地图已不可与其同日而语。

综上所述，关于地图的传播可有以下结论。

（1）地图的传播方式与地图的载体紧密相关。地图的载体越轻便，地图的传播越容易，传播范围也越广。地图载体从黏土、石块到布帛、纸张再到电子媒介的变化显然支持这个结论。

（2）地图的传播方式受地图复制技术的制约。从无法复制的远古黏土地图到可以多次方便复制的地图印刷技术，再到可以无限次、低成本复制的电子地图技术，地图复制技术的每一次进步都带来了地图传播水平和方式的巨大变化。

1.1.3　地图制作和传播中的问题

虽然人类在地图的制作技术上取得了巨大进步，地图的传播水平大大提升，传播方式也更加多样化，但是地图在制作技术和信息传播方式方面还有许多问题，导致地图服务于人类社会的潜力没有得到充分发挥。这些问题至少表现在以下 3 个方面。

1. 地图上传输的信息与地图用户真正需要的信息不一致

无论是远古的石刻地图、近代的印刷地图还是现代的电子地图，地图制作者一般并非地图的使用者。以近代和现代地图为例，地图由富有经验的专业地图人员制作，地图读者（即使用者）无权决定地图的内容，只能阅读固化的、现成的地图。这种地图制作和应用模式极大地限制了地图的信息传播能力（Seegel，2012）。

后来，许多学者研究了自适应地图（self-adaptive maps）制作技术（汪永红等，2006；王黎明等，2009），即由专业人员提供地图制作所需的地图数据、地图符号和地图工具，而地图的制作由地图用户"组装"这些地图数据、地图符号来完成（沈婕等，2008）。自适应地图把部分地图制作的工作向地图使用者转移，允许地图使用者部分地参与地图制作，这有利于地图内容的选取和信息的更准确表达，使得到的地图能够更准确地传达用户需要的信息，是地图制作上的进步（戴红，2009；韩俊等，2010）。也有许多学者和企业人士提出了众帮地图的思想，即一方提供平台，收集和利用众多个人志愿者地理信息（volunteered geographic information，VGI）来集成、组装地图，这种思想的典型例子有 Wikimapia、OpenStreetMap（OSM）、谷歌地球（Google Earth）、MapBox 和 GeoCarto DB 等（Zielstra and Zipf，2010；Neis and Zipf，2012）。

但是，从本质上看，无论是传统的纸张/布帛地图、自适应的电子地图还是众帮地图，制图数据的采集和组织、地图符号的制作等地图制作的实质性工作仍然由地图专业人员掌控，地图用户的信息需求仍然不能保证及时、准确地被地图制作者掌握，这就导致地图用户得到的地图信息与其所期望的信息不一致（有时是信息的不足，有时是信息的冗余，有时是噪声类信息）。

2. 地图制作门槛高，不利于发挥其地理学第二语言的作用

地图是地理学的第二语言，应作为第一语言的有力补充，成为大众日常交流的工具。但是，传统的地图需要由受过严格培训的、掌握专业的地图学知识的地图制作人员应用专业的制图工具来编绘完成，这就相当于给普通大众掌握和使用地图这门语言设置了很高的门槛。为了降低地图制作的门槛，已有学者研究和实践自适应地图和众帮地图的制作方法，但是在本质上它们还是专业化、高门槛的地图制作模式，显然不利于地图应用的平民化。

这种纯粹专业化的地图制作方式制图成本高、地图制作周期长且地图不易更新。地图制作的高成本体现在专业人员的劳动报酬、专业化的制图工具和制图环境。就地图制图周期而言，在手工制图阶段制作一幅 1：5 万的地形图通常需要 3～6 个月的时间，在电子制图阶段，其也需要 5～15 天的时间；就地图更新而言，其必须由专业人员按照专业化的流程来更新，复杂性可想而知。

3. 地图传播方式受限，不利于地图的大众化

从地理信息传播的角度来看，地图作为一种特殊商品始终具有政治依附性（马晨燕等，2014），被赋予了政治意义，为了政治需求而存在，并通过政治来影响社会其他方面。因为地图主要掌握在统治者手中，所以地图的分发和传播基本上是一种单向的或者由点到面的传播，即地图由统治者控制，以统治者为源头向众多的地图使用者传播，这无形中限制了地图的分发效率。自适应地图和众帮地图虽然力图在地图制作和传播方式上有所突破，但并没有改变地图传播的"广播"模式（Ostermann and Spinsanti，2011；王明等，2013）。最近有学者提出了 Web 2.0 地图的设想（尹章才，2012），使地图用户参与地图制作有很大的自由度，但仍然没有涉及自媒体地图的传输问题。

为了使地图成为一种大众化的交流工具，最大限度体现地图的社会效益，需要强调地图的社会性（汪季贤和陶丹，2001）而弱化地图的政治性，也就是说，使地图成为一

种交互性强的"个人媒体"，在个体之间进行"由点到点"的传播很有必要。

1.2 微地图概念

为了适应自媒体时代的信息需求，地图在制作上应有大众用户的实时参与（平民化），在内容上不必追求大而全（微内容），在分发和传播上需要及时、方便、快捷（速度快），在信息传播时不但要具有由点到面的"广播"功能，而且要具有由点到点和由面到面的"互播"功能（能互播）（张莉琴和万春晖，2014）。由是观之，在自媒体时代，地图的概念与微博、微信等非常一致，故而本书中把它命名为"微地图"（WeMap）。

微地图可以简要定义为一种面向平民大众的"草根"地图，其精度等数学基础要求不高，制作者无须进行严格的专业培训，地图用户也能够随时参与地图制作，地图可以像微博、微信一样在个人电子设备（如电脑、手机）上方便、快捷地交互传播和应用（闫浩文等，2016）。

简而言之，微地图与传统地图相比的主要区别有两点：①微地图的信息传输主要是像微信一样在个体之间进行点对点的互播（当然也可以广播），而传统地图的信息传输基本限于广播式的传播。②微地图制作要求低，内容以满足"本次"需要为标准，其用户和制作者没有明确划分；而传统地图的制作者和用户界限清楚，对地图制作者的专业素质要求高，地图内容一般大而全，且特别强调地物、地貌及专题要素在地图上表达的数学精度和标准化程度。

微地图并非要取代传统地图，而是将其作为传统地图在自媒体时代的自然发展和在功能上的有益补充。鉴于此，本书将针对微地图基础理论、制作技术及传播方式等进行系统研究，期望推出适合于自媒体环境的大众地图新形式，以丰富地图学理论和地图种类，拓展地图的应用领域和应用范围。

提出微地图的目的是使电子时代的地图成为一种普泛化的自媒体形式，作为真正面向大众的地图，在人们的生活中最大限度地发挥其地理学第二语言的作用，以其小、快、灵的特点弥补传统地图在应用中的不足。

下面通过 3 个例子来说明微地图的作用和特点。

例 1：在一起绑架案中，某儿童被关押于某地数日，获救后他根据回忆描述了周围的场景，警察据此绘制关押地的微地图（图 1-1），在网络朋友圈发布以辅助破案。此处，

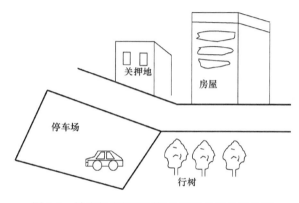

图 1-1 被绑架者根据回忆绘制的关押地微地图

微地图借助于网络进行"点对点"的互播式传播的优势得以体现。

例2：老王驾车从 A 地到 B 地的途中，得知前方道路因大雨引发了泥石流而中断，车载导航地图给出的规划路径已无法通行。此时，老王借助于微地图平台把车载导航地图发给了当地熟悉路况的朋友，其朋友借助微地图平台标绘了导航微地图（图 1-2）并发给老王，使他顺利赶到了 B 地。此处，微地图可表达特定的微内容、对地图数学基础要求不高的特点得以体现。

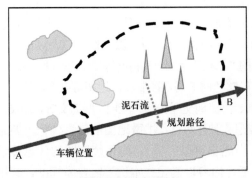
(a)车载导航地图的规划路径

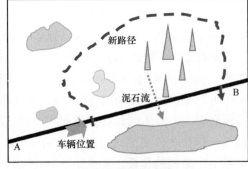
(b)微地图给出的新路径

图 1-2　导航中的微地图

例3：A、B、C、D 4 人少小离家，多年后欲回乡探亲，但故乡王庄地处偏僻，没有公开的公众版地图。于是 4 人打算根据记忆、借助于微地图平台来共同绘制一幅家乡概略图（图 1-3）。此处，微地图面向大众、对制图者要求低及不区分用图者和制图者的特点得以体现。

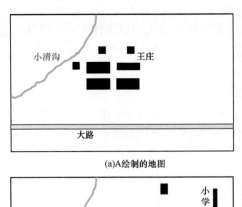
(a)A绘制的地图

(c)C在B的基础上绘制的地图

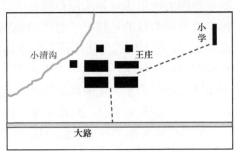
(b)B在A的基础上绘制的地图

(d)D在C的基础上绘制的地图

图 1-3　家乡概略图

1.3　微地图特点

对于安装了导航地图的汽车而言，当遇到车载导航地图系统规划的前进路径前方数公里之外的道路故障而不能通行时（如地震、滑坡等造成道路堵塞，或道路检修停止通行等），若可以收到道路故障处的人员临时绘制的局部路段故障示意性地图（即微地图），驾驶人就可以及早制定出新的行车路径，少走弯路。此种情况下，一般无法求助于大型地图系统，如谷歌地图（Google Map）、百度地图等，因为这些大型地图系统可能还未来得及更新地图数据库的内容。相反，内容少、制作随意的微地图则可以弥补传统地图的这一缺陷。

微地图并非要取代传统地图，它是传统地图在自媒体时代的发展和补充。与传统地图相比，微地图的主要特点有五个。

（1）微地图以个体用户之间的"点对点"互播为主要传播形式，也可以在群内进行广播，而传统地图以广播式传播为主。

（2）微地图表达刚好满足特定用户需求的"微内容"，而传统地图一般为众多用户提供所谓"标准化"的服务，要求内容大而全。

（3）微地图对精度、投影、比例尺等数学基础要求不高，而传统地图强调数学基础。

（4）微地图对制作者无特殊门槛要求，而传统地图制作者需要接受专业的知识和技能训练。

（5）微地图不区分地图的制作者和使用者，而传统地图的制作者和用户界限明确。

1.4　研　究　价　值

研究微地图的价值，概括起来说，至少有以下 4 个方面。

1. 微地图将使地图上表达的信息与地图用户所需要的信息趋于一致

传统地图的制作者和使用者相分离的缺陷，使得地图用户得到的地图描述的信息不一定是该用户真正需要的信息。本书要研究的微地图则类似于流行的微信，其制作者与使用者之间可以方便、及时地沟通（也可能根本就分不清制作者与使用者），能够确保微地图的内容和形式满足用图者的要求。

2. 微地图可以极大地方便人们的生活

由于微地图的制作有地图使用者的参与，可以去除地图制作中许多不必要的冗余信息，因此其信息的表达一般比传统地图更准确、到位。另外，微地图表达的内容简单，易于阅读和提取信息，因而能为用户提供更多的便利。例如，传统的城市导航信息需要大数据库的支撑，图面上许多无关地物反而给用户寻找路线制造了麻烦。如果应用微地图来导航，就可以按照用户需求制作一幅简单的地图，地图上只标出用户需要的起点、终点、道路及少许关键定位地物。

3. 微地图能够助推地理信息产业的发展

地理信息产业将是未来数十年的朝阳产业（国土资源部，2009）。据统计，2008 年，中国地理信息产业产值总规模已超 600 亿元，从业人员约 40 万人，从业机构超过 1 万家，年均增长超过 20%。其中，支撑地理信息产业推进的核心是用户数量的不断增加。但是，地理信息产业经过最近 20 多年的迅猛发展，其内部潜力逐步得到挖掘，依靠传统产品来培育用户群体的难度越来越大。

工业和信息化部发布的 2014 年通信运营业统计公报显示，2014 年，全国移动电话用户净增 5698 万户，总数达 12.86 亿户，移动电话用户普及率达 94.5 部/百人（https://wap.miit.gov.cn/gxsj/tjfx/txy/art/2020/art_3147fe9ea2474d358bf46167755745ba.html）。微地图作为一种新的地图应用模式，有望借助广大的手机用户群体来拓展地理信息产业的用户范围，为地理信息产业找到新的经济增长点，从而助推地理信息产业继续蓬勃发展。

4. 微地图可为当代地图学和地理信息科学带来新的研究课题

常见的以实物为载体的地图（如印刷在纸张、布帛上的地图）、传统的电子地图及近年提出的自适应地图有一个共同特点，就是地图的使用者不参与地图的制作（自适应地图的使用者参与少量的地图制作）。本书提出的微地图则力图改变这种模式，让地图使用者和地图制作者紧密结合起来，参与地图资料收集、整理、组织及地图制作和传输的全过程。

针对这一新的地图制作和使用形式，必然有许多新的课题需要研究，典型的问题有：什么是微地图？微地图有什么性质和特点？微地图有哪些类型？微地图如何制作？微地图的应用需要什么软硬件环境？微地图的传输有什么特点？

1.5 本 书 结 构

本书围绕微地图进行论述，包括以下内容。

第 1 章，绪论，从地图的缺陷出发，阐述本书研究微地图的原因。

第 2 章，微地图用户，分析微地图用户的构成、分类、特点、建模方法等。

第 3 章，微地图符号，论述微地图符号的特点、视觉变量、制作方法、应用等问题。

第 4 章，微地图制作，阐释微地图手绘制图、微地图手势制图和微地图语义制图的制作方法。

第 5 章，微地图的传播，论述微地图的传播方式、微地图的推荐系统、微地图推荐系统的关键技术等。

第 6 章，微地图应用，论述微地图在寻路、避险或灾害中规划救援路径等方面的应用。

第 7 章，微地图平台系统，论述微地图平台的需求分析、界面与功能设计、平台架构等。

第 8 章，结论，简要总结本书的主要贡献、仍需研究的问题。

参 考 文 献

戴红. 2009. 基于位置信息的自适应地图服务技术. 计算机应用与软件, 26(2): 214-216.

龚缨晏. 2009. 巴比伦世界地图: 人类最早的"世界地图". 地图, (4): 144-147.

国土资源部. 2009. 朝阳在冉冉升起——我国地理信息产业发展综述. http://www.gov.cn/gzdt/2009-07/06/content_1358086.htm[2015-2-28].

韩俊, 夏青, 刘静祯, 等. 2010. 电子地图的自适应显示研究. 测绘与空间地理信息, 33(5): 202-203.

郝敏敏. 2010. 1601 年中华古地图的历史分水线. 地图, (3): 56-61.

刘沛兰, 胡毓钜. 2001. 普及地图知识提高国民空间认知水平. 测绘通报, (2): 12-13.

马晨燕, 张扬, 李雅云. 2014. 对中国古代地图测绘政治依附性的评价——以明清时期地图测绘为例. 测绘通报, (4): 106-108.

米志强, 王衍臻. 2002. 论中国古代地图技术的发展. 城建档案, (4): 41-43.

牛汝辰. 2004. 清代测绘科技的辉煌及其历史遗憾. 测绘科学, 29(7): 20-22.

申金霞. 2012. 自媒体的信息传播特点探析. 今传媒, 20(9): 94-96.

沈婕, 龙毅, 王美珍, 等. 2008. 移动环境自适应地图综合方法初探. 测绘科学技术学报, (4): 245-248.

汪季贤, 陶丹. 2001. 地图的传播特性研究. 编辑学报, 13(2): 73-75.

汪永红, 刘小春, 许德合, 等. 2006. 移动环境下自适应地图可视化研究. 测绘科学, (4): 70-71.

王家耀. 2014. 地图学原理与方法. 北京: 科学出版社.

王黎明, 夏清国, 张永峰, 等. 2009. 基于个性化移动位置服务中自适应地图的研究. 计算机工程与科学, 31(2): 131-134.

王明, 李清泉, 胡庆武, 等. 2013. 面向众源开放街道地图空间数据的质量评价方法, 武汉大学学报(信息科学版), 38(12): 1490-1494.

王自强, 周晨. 1992. 西方地图学史话. 地图, (3): 47-49.

相德宝. 2012. 国际自媒体涉华舆情现状、传播特征及引导策略.新闻与传播研究, (1): 73-84.

闫浩文, 王家耀. 2009. 地图群(组)目标描述与多尺度表达. 北京: 科学出版社.

闫浩文, 张黎明, 杜萍, 等. 2016. 自媒体时代的地图: 微地图.测绘科学技术学报, 33(5): 520-523.

尹贡白. 1989. 地图的历史. 地图, (2): 32-35.

尹章才. 2012. Web2.0 地图的双向地图信息传递模型. 武汉大学学报(信息科学版), 37(6): 733-736.

余定国. 2010. 中国地图学史. 北京: 北京大学出版社.

张莉琴, 万春晖. 2014. 自媒体的传播特征与公民媒介素养的提升.今传媒, (13): 49-50.

张清浦. 1987. 国外触觉地图的发展现状. 测绘科技动态, (6): 38-42.

赵前卫, 马缘园. 2014. 自媒体时代微信谣言传播特点初探.新闻研究导刊, 5(16): 11-12.

Avram S. 2010. Historical urban development of Craiova City between 1820 and 1990. Geographica Timisiensis, 19(1): 173-188.

Harley B J. 2002. Maps, knowledge and power//Laxton P. The New Nature of Maps: Essays in the History of Cartography. London: John Hopkins University Press: 309.

Harley J B, Woodward D. 1992. The History of Cartography. Volume Two. Book One: Cartography in the Traditional Islamic and South Asian Societies. Chicago: University of Chicago Press.

Harley J B, Woodward D. 1995. The History of Cartography. Volume Two. Book Two: Cartography in the Traditional East and Southeast Asian Societies. Chicago: University of Chicago Press.

Hostetler L. 2001. Qing Colonial Enterprise: Ethnography and Cartography in Early Modern China. Chicago: University of Chicago Press.

Jacob C. 2006. The Sovereign Map: Theoretical Approaches in Cartography Throughout History. Chicago: University of Chicago Press.

Kivelson V. 2006. Cartographies of Tsardom: The Land and Its Meanings in Seventeenth-Century Russia. Ithaca: Cornell University Press.

Murray J S. 2009. Blueprinting in the history of cartography. The Cartographic Journal, 46(3): 257-261.

Neis P, Zipf A. 2012. Analyzing the contributor activity of a volunteered geographic information project-The case of OpenStreetMap. ISPRS International Journal of Geo-Information, (1): 146-165.

Ostermann F O, Spinsanti L. 2011. A conceptual workflow for automatically assessing the quality of volunteered geographic information for crisis management. Guimarães: 14th AGILE International Conference on Geographic Information Science: 18-22.

Seegel S. 2012. Mapping Europe's Borderlands: Russian Cartography in the Age of Empire. Chicago: University of Chicago Press.

Veres M V. 2012. Putting transylvania on the map: Cartography and enlightened absolutism in the Habsburg Monarchy. AHY, 43: 141-164.

Zielstra D, Zipf A. 2010. A comparative study of proprietary geodata and volunteered geographic information for Germany. Guimarães: 13th AGILE International Conference on Geographic Information Science: 1-15.

第 2 章　微地图用户

2.1　微地图用户建模的必要性

微地图是面向大众制图的"草根地图"（闫浩文等，2016）。其初衷是在手机移动端构建一个软件平台，可供一个用户独立或者多个用户协同制作和传播地图。该平台的主要功能有两个：地图制作和地图传播。微地图用户将直接参与或多人合作进行地图的设计、制作，并完成地图的发布、传播。因此，为了给微地图用户提供高效的服务和帮助（如制图方法、制图工具、地图分发方法等），对微地图用户群体和个体进行探究非常必要。

对微地图用户进行建模是获取及分析用户信息和行为偏好的过程，其目的是生成一个表示用户特有背景知识或需求的用户模型（任磊，2012）。微地图用户模型描述的对象主要由两大类组成：①用户信息以及行为偏好的分析表达；②用户行为背后的认知过程挖掘。其目的是让微地图软件平台能够获取有用的用户个人信息和行为偏好，由此方便快捷地为用户提供快速制图和分发地图的工具。

在软件系统中，用户模型是一种面向算法的、具有特定数据结构的用户描述（姜葳，2006）。建立微地图用户模型可以认为是从用户信息和行为偏好中归纳出可计算的用户模型的过程。微地图用户模型是微地图软件系统提供个性化地图模板的主要知识源，其捕捉用户真实偏好的能力和挖掘背后认知过程的程度将决定微地图软件的传播性强弱和智能化水平。

2.2　微地图用户建模研究现状

对微地图用户进行建模的过程是首先分析新的用户集合；其次挖掘用户的行为机理，即对微地图用户行为进行关联规则挖掘；最后在人机交互过程中运用合适的建模技术进行用户模型构建。所以，本节就从这 3 个方面的研究现状进行分析。

2.2.1　地　图　用　户

微地图的用户数量庞大，各类用户对微地图的需求千差万别，为了使微地图能够更好地服务于各类不同的人群，需要对微地图用户进行分类研究。

自适应地图中，对用户的研究较多。例如，凌云等（2005）以地图可视化系统的用户为中心，设计了一种自适应用户界面的初步机制，让系统界面自动地适应用户特征。吴增红（2011）定制了与自适应相结合的个性化地图服务概念，其中描述了基于用户行为的功能模型和基于用户兴趣模型的动态更新算法，对用户进行信息挖掘，尝试了地图可视化个性表达。谢超（2009）对自适应地图可视化关键技术进行了研究，提出了用户的四元组交互用户模型，并进行视觉感受实验，通过对实验结果的分析和相关理论的研究，总结和提炼了自适应地图的可视化设计原则。郑束蕾等（2015）针对电子地图可视化要素缺少用户认知模型和量化研究的问题，利用问卷调查法收集数据，采用因子分析对地图可视化要素变量进行归类简化，对初始模型进行优化，并给出优化模型中各个地图可视化要素的权重。Tsou（2011）提出了未来网络制图的两个主要研究方向：①以用户为中心的设计，包括设计用户界面、动态地图内容和地图绘制功能；②将制图权释放给公众和业余制图师。这些对自适应地图的研究，均以用户为中心，以用户体验为基础，寻找最优的地图可视化要素变量，最终呈现出自适应用户的地图可视化方式，这与传统制图学是有很大区别的。

在对众帮地图用户进行研究时发现，2004 年开始的 OSM 被视为互联网上令人印象深刻的志愿者地理信息（VGI）来源之一。但据统计，只有少数的活跃用户做出了积极贡献（Neis and Zipf，2012）。其中，基于 OSM 开发的 MapBox 可以选择地图样式或完全自定义地图和数据，这大大地增强了用户的数据体验和信息服务。但是，众帮地图的用户参与度不高，在 MapBox 中，普通用户只能选择图层和调整地图显示顺序或方式，而地图本质上仍然是由地图专家制作的。

总体来看，自适应地图和众帮地图中，采用的多是规范电子地图图层组合或基本的符号组合，这些地图本质上还是由专业人员制作完成的。相反，微地图的目标是提供一些经典的地图模板，用户更多的是以抽象的表达手段对静态或动态事物进行自由创作，对地图的表达内容有很大的开放性，对地图的精度要求不高，这大大降低了地图用户的门槛。同时，微地图用户既是地图的制作者，又是地图的使用者，用户得到的地图信息与其所期望信息的符合度很高，用户对自己制作的地图有第一解释权。

2.2.2　用户行为关联规则挖掘技术

通常可以通过统计人们行为的发生频次来挖掘用户行为规律，并发现交叉行为中潜在的关联特性。在关联规则算法研究中，最早提出的是基于频繁项集的经典关联规则算法——Apriori 算法（Agrawal and Srikant，1994），其采用逐层递推的方法获取频繁项集，通过频繁项集产生形如 A→B 的关联规则。许多学者基于 Apriori 算法进行优化[①]（Park et al.，1995），但算法本身采用逐层递推的计算方法，使得计算过程中产生大量的候选集，同时最小支持度的设定导致无法对稀有信息进行分析，这些算法中存在的固有缺陷无法被克服。之后，出现了一种不产生候选集的发现频繁项集的挖掘方法——FP-growth 算法，它通过构建频繁模式树（frequent pattern tree，FP-tree），直接从结构树中提取频繁项集。整个过程只需对数据进行两次扫描，压缩数据结构，使得 FP-growth 算法的效率较 Apriori 算法有很大的提高。

---

① Toivonen H. 1996. Sampling large databases for association rules. Proceedings of the 22nd International Conference on Very Large Data Bases: 134-145.

除了对算法效能进行优化，对关联规则挖掘质量也有许多研究。在 FP-growth 的基础上，董雁适等（2002）提出了一种全新的项约束关联规则发现算法，其通过构建 FP-tree 和约束树（C-tree），得到满足约束条件的高频项集。付冬梅和王志强（2014）提出了一种深度优先遍历 FP-tree 的约束概念格建立算法。该算法通过遍历 FP-tree 生成候选概念格节点，并根据约束条件构造约束概念格，有效减少冗余信息的产生，对不感兴趣的规则进行过滤。

2.2.3　用户建模方法

在人机交互系统中，用户模型是关于用户行动和认知特性方面的知识，是计算机理解用户的基础，也是系统与用户交互过程中获取知识的接口。对用户建模方法进行归纳总结发现，目前为止，常用的用户建模方法主要有以下 6 种：基于逻辑的用户建模方法、基于机器学习的用户建模方法、基于模板的用户建模方法、基于贝叶斯网络的用户建模方法、基于神经网络的用户建模方法和基于模糊集的用户建模方法（李荣，2004）。

1. 基于逻辑的用户建模方法

基于逻辑的用户建模方法是一个能够建立推断有关用户假设的用户模型的建模方法。该方法根据经验建立用户模型，获取用户兴趣的准确性较高，但是其缺点是需要用户提供大量的事实，因此用户的负担较重。

2. 基于机器学习的用户建模方法

基于机器学习的用户建模方法是指利用机器学习技术建立适应用户及环境变化的用户模型的建模方法（王巧容等，2011）。其中，统计相关分析方法是机器学习在用户建模过程中的主要方法。它将用户的行为与上下文相关联，然后通过上下文检索相应的行为，从而预测用户的行为。当然，这种匹配并不一定要求完全准确。

利用该方法可以获取与信息系统交互的个人用户模型，并且依据用户不同的兴趣将这些和系统进行交互的用户分组。有了机器学习的帮助，系统自动地适应用户，减少用户的直接干预，并且可以为不同的用户提供不同的界面和功能，增强用户模型的适应性。然而，传统的机器学习方法难以解决用户行为信息的不确定性。另外，用户兴趣模型需要长时间的学习和积累才能更准确地获取用户兴趣，实时性较差。

3. 基于模板的用户建模方法

基于模板的用户建模方法创建个人模型就是根据已知的用户属性事先创建一组模板（关志伟，2000；聂亚杰等，2001）。为某个用户建立模型时，选择一个适合自身的模板，该用户的初始模型就是以这个模板为基础，然后根据用户的特定细节进行个性化以生成其用户模型。因此，一个模板可以用来生成许多用户模型，这样使得新用户在初始用户模型中的定位比较准确、全面。

基于模板的用户建模方法是实现用户模型重用的有效方法，该方法强调利用用户之间的相似性，而不是利用单个用户的历史数据，该方法和基于机器学习的用户建模方法正好互为补充。许多系统采用多层次的用户模板，要求在初学者、中级水平者以及专家之间建立一种线性的继承关系。

尽管基于模板的用户建模方法为新用户快速生成的用户模型简单有效，但是也存在一些问题，模板往往由设计者人为设计，模板自身描述的准确性可能与系统建模的正确性紧密相关。

4. 基于贝叶斯网络的用户建模方法

基于贝叶斯网络的用户建模方法是指利用贝叶斯网络推导出目标变量的值，进而建立用户模型的方法（Horvitz，1998）。用户建模过程中，往往存在一些不确定因素影响用户建模的推理过程，而利用概率技术，特别是贝叶斯网络，可以有效地解决这一问题。

贝叶斯网络又称概率推理网络或信度网络，是用来表示变量间连接概率的图形模型。贝叶斯网络提供了一种基于概率分布的推理方法，其建立在人们感兴趣的变量受概率分布控制的假设上。结合观测数据，可以推断出这些概率，从而做出最佳决策。

基于贝叶斯网络的用户建模方法利用贝叶斯网络结构来表达影响用户兴趣的各个因素之间的关系，通过计算分析相应因素之间的关系，得出用户的兴趣分布，并不断积累经验事实完善整个体系。该方法是目前用户建模中最常用的方法之一，但也有缺点：经验数据往往具有不确定性；很难将计算得到的数据信息解释给用户；计算量大，时间复杂度高。

5. 基于神经网络的用户建模方法

基于神经网络的用户建模方法是以神经网络的非线性数据数值运算为基础进行推理，从而建立用户模型的方法。神经网络是反映人脑结构及功能的一种抽象数学模型，神经网络是由大量神经元节点互连而成的复杂网络，用以模拟人类进行知识的表示与存储以及利用知识进行推理的行为（焦李成等，2016）。虽然在单个神经元的人机交互中用户建模方法的研究结构和功能极其简单和有限，但是由大量神经元构成的神经网络系统所能实现的行为却是极其丰富的。

基于神经网络的用户建模方法是通过学习获取知识来建立的。神经网络的学习本质上是一种归纳学习方式，是对大量的例子进行重复学习，由内部自适应过程不断地修改神经元之间连接的权重，最终实现神经网络的权重分布收敛到稳定范围（戚渼钧，2006）。一个已建立的神经网络，对于特定的输入模式，就可以通过计算得到输出模式的特定解。

6. 基于模糊集的用户建模方法

基于模糊集的用户建模方法是指应用模糊数学的处理方法建立用户模型的方法（原清海和严隽琪，1998）。用户模型中有些需要考虑的因素是模糊不确定的，无法用准确的数据来衡量用户信息，需要根据模糊的事实进行推理，基于模糊数学的处理方法能够较好地解决这一问题。

基于模糊集的用户建模方法不需要精确的数字来表示用户信息，只需要基于经验建立用户模型，在获取用户兴趣方面具有较高的准确性。然而，使用这种方法进行用户建模需要用户提供大量的初始数据，因此用户的负担更重。

总的来说，在上述用户建模方法中，基于逻辑的用户建模方法、基于贝叶斯网络的用户建模方法、基于神经网络的用户建模方法和基于模糊集的用户建模方法都涉及用户建模过程中对特定知识的表示，基于贝叶斯网络的用户建模方法是最常用的。然而，基于机器学习的用户建模方法和基于模板的用户建模方法实际上并不是用户知识的表示方法，本质上是用户知识的获取及利用方法。六种用户建模方法自身的适用情况不同，侧重点不同，但也各有所长，在实际的建模过程中往往会将其中多个方法结合起来相互补充。

2.3 研究内容与研究思路

2.3.1 研 究 内 容

本章将为微地图软件平台建立一个合适的用户模型，使其在微地图软件的开发和运行阶段有清晰的指导作用，并且在后期对用户信息的管理和用户行为的挖掘有至关重要的作用。在一般人机交互系统中，用户模型是一种面向算法的、具有特定数据结构的、形式化的描述。同样地，微地图用户模型要用于描述、存储和管理用户的兴趣需求，是软件系统中不可缺少的一部分。该用户模型应具备可以对特定用户属性信息和行为信息进行精确描述的功能，用于推断用户需求、偏好或行为，最终为用户推荐易制作、易传播的地图符号或模板。建立一个完整的微地图用户模型有利于准确地为用户推荐更有传播力的微地图符号或模板，提供更有针对性的微地图制作服务。

为此，本章将从微地图的特点出发，首先通过"多维情景"的分析方法对微地图用户进行分析，将用户信息以及偏好进行规范化表达；其次通过传播力约束对微地图用户行为进行关联规则挖掘，寻找微地图用户行为背后的认知过程及关联机理；最后建立微地图用户模型，使用户和软件的交互过程更加人性化。

2.3.2 研 究 思 路

微地图用户行为包括用户爱好选择、用户操作习惯在内的所有交互行为。为使用户更好地融入微地图并协助用户快速制图，本章将建立一个微地图用户模型，捕捉用户偏好并挖掘背后的认知机理，具体的方法如下。

第一，对微地图用户进行分析讨论，从影响微地图的制作效果和传播范围出发，对用户特征进行合理化的描述和对用户需求进行准确的分析；采取多维情景的用户分析方法——"谁在什么环境下提出什么需求"，对每一位微地图用户的属性、环境和需求进行情景表示，构建用户信息库。

第二，在对所有的微地图用户及其用户行为进行分析和挖掘的过程中，将传播效果作为用户及其对应行为之间的衡量标准，挖掘用户信息和用户行为之间的关联规则，为相同或相似用户推荐传播效果更好的行为进行选择。具体地，以提高关联规则挖掘质量为切入点，基于自媒体传播学理论，考虑微地图的信息认可度和信息传播度等因素，设计出一种在"传播力"约束条件下的用户行为关联规则挖掘算法。将传播力指数（communication capacity index，CCI）和 FP-growth 算法相结合，继承 FP-growth 算法在高密度数据库的性能优势的同时，将传播力指数作为约束规则，使得在满足"广传播、易传播"的条件下，挖掘出更具有传播性的用户行为习惯和关联规则，并为推荐算法的实现提供数据支撑。

第三，建立用户模型。以贝叶斯网络的用户建模方法为基础，借助具体的行为数据库分析，利用规则聚类的方法生成用户模型；对微地图用户进行分类，并为分类后的用户推荐相应的微地图模板，使用户在模板上绘制自己的微地图，表达出自己的想法，并对绘制完成的微地图进行交流。

2.4 微地图用户建模的基础

2.4.1 用 户 模 型

在微地图软件系统中，用户模型用于描述、存储和管理微地图用户的基本信息和兴趣需求，是软件系统中不可缺少的组成部分。用户模型不是对用户兴趣的一般性描述，而是对特定用户属性的精确性描述，用于推断用户需求或未来的某种行为，以协助用户制图，建立微地图用户模型的目的是更准确地为微地图用户制图提供帮助。

Murray[1]认为用户模型是系统对用户知识、喜好和能力的建模和表示，其通常是用户行为、需求和特征的规范化描述。Allen（1990）认为用户模型是知识和推理机制，其能区分不同用户的交互行为。

从计算机的角度来看，用户模型是软件系统中的一个模块，在计算机中建立对用户特性的描述。用户模型能获取、表示、存储和修改用户信息，监测用户的操作行为并记录相应的行为信息，根据获取的用户行为信息可以推断和预测用户未来的行为。总之，用户模型能帮助系统更好地理解用户特征和类别，接收用户的需求和任务，从而更好地为用户提供相应的帮助。

用户模型可以分为两类，广义的用户模型和狭义的用户模型。广义的用户模型包括用户的概念模型、设计者的用户模型和系统的用户模型；狭义的用户模型是指计算机系统的用户模型，即在计算机中建立一个表示用户特征的模型。

根据不同的分类标准，用户模型的分类方法也有许多（关庆珍，2008；杨涛等，2003）：按建模信息的来源分为显式用户模型和隐式用户模型；按建模对象分为个体用户模型和群体用户模型；按用户的知识层次和个体差异分为常识模型、领域模型和个体模型；按建模内容分为经验模型、兴趣模型和行为模型；按时间尺度分为短期用户模型和长期用户模型；按更新方式分为静态用户模型和动态用户模型。

---

① Murray D M. 1987. Embedded user models. Proceedings of INTERACT'87, Second IFIP Conference on Human-Computer Interaction: 229-235.

2.4.2　微地图用户建模方法

地图以自身独特的感知世界、记载世界、认识世界等功能广泛应用于大众的生活中(周成虎,2014)。普通的地图用户往往是使用地图,目的是在地图上寻找对自己有用的信息。而微地图的用户群体相比于普通地图用户,他们除了具备使用地图的能力外,更加需要具备一定的地图制作能力和地图传播能力,也就是说,微地图需要绘制地图并进行传播。

微地图用户模型是对微地图用户属性信息和行为信息的精确描述,用于推断用户需求、偏好或行为,可为用户推荐易制作、易传播的地图符号或模板。所以,微地图用户建模应有以下考虑。

(1) 如何在用户模型中描述用户的基本信息并判断用户的类型?

(2) 如何对用户行为进行管理并挖掘出易传播的行为关联规则?

(3) 如何有针对性地为用户推荐制图工具并协助用户进行自主、快速制图?

(4) 如何使用户快速了解新情景并快速制作地图?

微地图用户建模的实质就是对与微地图用户有关的信息进行合理的显示描述,将有用的隐性信息显式表达并输入计算机内部,由系统中的用户模型模块对其进行维护。

对于用户信息的准确描述和存储而言,建立一个完整的微地图用户模型至关重要,其有利于挖掘用户行为产生的机理,帮助系统认识用户并推荐相关的地图符号或模板,协助用户快速制图。

结合微地图用户模型的特点,本章利用以下方法对微地图用户建模。

(1) 微地图用户建模将从微地图用户分析入手,结合情景知识,对微地图用户进行多维情景分析,提取用户在交互过程中的关键信息,利用有限的信息对用户进行描述,初步了解用户的制图水平,构建初级用户模型。

(2) 对微地图用户行为进行分析的过程中,主要将用户在制图过程中需要使用的地图符号和模板进行记录;从微地图的传播特点出发,设计了一种传播力约束下的关联规则挖掘算法,将用户制作微地图的传播力作为约束条件,挖掘出传播力强的用户行为组合。

(3) 在用户信息库中,对每个用户制作地图的环境、需求和对应的历史行为数据进行归纳,构造个体用户模型,进行用户行为预测,协助用户制图。

(4) 基于某一类用户的历史行为数据构建群体用户模型。用户在新的制图情景中,不再利用个体用户模型,将为用户进行模型匹配,利用群体用户模型中相似的用户行为进行预测。

2.5　多维情景下的微地图用户分析

2.5.1　微地图用户分析

对微地图用户进行系统的分析,有助于软件更好地认识用户,便于用户信息在软件系统中规范化地表示和存储,是构建初始用户模型中不可缺少的环节。

1. 多维情景分析

为对用户进行规范化表达,本研究结合情景知识,对微地图用户进行多维情景分析。情景在日常生活中多指感情与景色,可以理解为某人在某种环境下的某种感情,能全面地描述一个人。在研究某一用户群体时,研究者们对情景有许多不同的定义,但归纳来看都有着类似的理解。目前,被引用最多的是 Dey(2000)对情景的定义:情景是指描述实体状态的任何信息,实体可以是人、位置或与用户和应用程序之间交互相关的对象(包括用户和应用本身)。

在不同的情景下,地图的制作方法、显示形式、传播途径可能不同,这些多种多样的情景因素需要合理地分析。目前,地图学领域情景研究并没有一个统一的限定标准和划分依据,本书结合微地图的大众化思想和解决广泛大众需求的目的,综合参考有关情景的文献(钱静等,2015),提出将多维情景分为用户属性情景、客观环境情景和用户需求情景,即分析"什么样的用户在什么环境下提出什么需求"(张剑等,2020)。另外,这三个情景内各包含多个不同的情景组,为更直观地表示,做出微地图用户多维情景结构图,如图 2-1 所示。

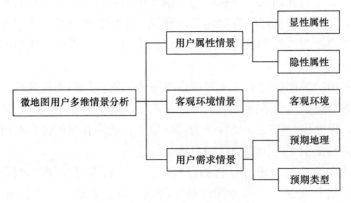

图 2-1 微地图用户多维情景结构图

2. 用户属性情景

用户属性情景解决"什么样的用户"的问题。对微地图用户进行分类研究前,需要对微地图用户的自身属性和自身的客观认识进行用户属性情景分析,对用户有一个初步的定位和认识。基于生理学、心理学研究现状,从影响用户选择的优先程度、用户因素界定的难易程度等不同方面考虑,将用户属性情景分为显性属性和隐性属性两种(谢超,2009)。这些因素直接影响着用户使用微地图的基本感受和认知,下面将做详细分析。

1)显性属性

显性属性可理解为描述用户的基本情况,属性相对清晰,短时间内稳定不变,不会发生未知突变的情况。本书除了分析用户年龄、性别等基础的用户信息外,结合微地图大众性的特点,将重点分析用户职业、文化水平等,这样更能表现出用户对地图的掌握及使用情况，微地图用户的显性属性信息如表 2-1 所示。显性属性特征明显，用户可准确表达，进行归类过程时应做到分类客观、结果统一。用户显性信息包括定性或定量两种，各信息的选取与用户定位，以及后续规则提取、模型匹配的准确性密切相关。

表 2-1　微地图用户显性属性信息

因素	描述	阈值或选项
性别	性别不同对地理事物和关注对象存在较明显的差异	男/女
年龄	不同年龄用户的视觉感受水平、动手操作能力和分析理解能力都有差异	20 岁以下、20～30 岁、30～40 岁、40～50 岁、50～60 岁、60 岁以上
职业	职业不同将很大程度决定用户与地图的交互能力的差异	制图相关/不相关
文化水平	文化水平能在一定程度上反映用户对空间知识的分析、理解和制图合作能力	初中及以下/高中/大学/硕士及以上
……	……	……

2）隐性属性

隐性属性主要研究人们在不同情景下的心理变化情况，有着灵活多变、不易捕捉的特点。微地图用户研究具体包括用户需求心态、行为习惯等因素，把握用户在制图和找图过程中的操作习惯。在用户使用微地图的过程中，隐性属性对用户需求具有隐性持续的影响，但由于用户不能准确表达，相关算法也不能准确捕捉，无法进行定性、定量的描述，所以将结合下文的预期地理和预期类型，在用户表现出需求和实现需求的操作过程中，对用户隐性属性进行捕捉分类。在此本书先将隐性属性因素进行说明，参考相关心理学文献（张淑华等，2012），对相关因素阈值或选项进行分类，如表 2-2 所示。

表 2-2　微地图用户隐性属性信息

因素		描述	阈值或选项
需求心态		影响着微地图的使用人群范围	工作、生活、社会需求
行为习惯	制图能力	影响着微地图制作的表现形式	初级、中级、高级
	识图能力	影响用户获取地图信息的难易程度	初级、中级、高级
	协作能力	影响用户对合作制图的熟练程度	初级、中级、高级
	分享意识	影响微地图的传播范围	薄弱、一般、良好、优秀
	……	……	……

3. 客观环境情景

客观环境情景解决"在什么环境下"的问题，是对用户所处环境进行大致判断，基于微地图软件手机移动端，通过手机设备内置的定位系统、相关传感器等手段，对各个因素进行系统自识别。

客观环境包括空间环境（时间、位置）、自然环境（天气、季节）、场景环境（白天、黑夜）、人文因素（节日假期）等，如表 2-3 所示。这些因素制约着用户对微地图的使用。

4. 用户需求情景

用户需求情景解决"提出什么需求"的问题，其作为分析微地图用户行为及确定用

表 2-3　微地图用户客观环境因素

因素	描述	阈值或选项
时间	对微地图的制作和发布有时间判别	实时时间
位置	添加地点标签，更易识别	行政区域
天气	结合实际天气情况，为制图做决策	晴朗、积水、积雪
季节	季节不同，事物的表现形式就不同	春、夏、秋、冬
节日假期	节日假期对人们的生活方式与出行有很大影响	是/否
……	……	……

户相关需求的重要因素，是微地图用户分类的决定性条件，同样也是为用户提供个性化服务的关键步骤。为了准确地将用户对微地图的需求进行分类，结合微地图的设计理念和有关对需求的分析，获取用户预期的地理信息和预期的制图类型，将用户的需求分为对地理信息的判断和对地图类型的选择，即预期地理和预期类型，以解决用户在特定的约束环境下，绘制什么类型的地图的问题。

1）预期地理

在对用户需求进行分析时，预期的地理知识将会决定地图的适用地理范围，针对现如今人们对地理知识的感兴趣程度，对预期地理在制作微地图方面做具体分析。制作微地图应考虑预期气象、预期空间、预期时间、预期交通等（具体可以是适宜天气、最短路径、最短时间、景区概况、经济交通等任何感兴趣的因素）；同时对制作好的微地图添加地理标签，以便于后期传播。

2）预期类型

预期类型的划分使得用户需求的具体实现更清晰明了，对用户的分类也有指导意义。结合用户属性情景和客观环境情景分析，用户的需求类型将对应符号系统和相关的模板进行选择。根据人们日常生活中对地图的使用和日常交流中对位置、方位的需求，用户需求可分为生活类、旅游类等感兴趣的类别，也可对每种类别中的具体模板进行细化设计，以呈现出不同类型的微地图。

2.5.2　微地图用户行为关联规则挖掘

将微地图用户的属性信息进行多维情景分析后，进行规范化的表达，使其能在微地图软件中存储管理，这样微地图用户模型中的初始用户信息就可以参与模型建立；接着在人机交互系统过程中，分析用户行为偏好，挖掘用户行为之间的关联规则，探究用户行为背后的认知过程，为建立高级用户模型做准备工作（张剑等，2022）。

1. 关联规则挖掘算法

在对每位用户的信息和行为进行统计的过程中，个体用户包括属性和行为的所有信息用事务项 I 来进行表示，其中用户各个具体属性或行为表示为子集 A、B，则关联规

则是形如 $A \rightarrow B$ 的蕴含式，其中 $A \subset I$，$B \subset I$，并且 $A \cap B = \varnothing$。规则 $A \rightarrow B$ 在事务集 D 中成立，其支持度（support，sup）是 D 中事务包含 $A \cup B$ 的百分比，即概率 $P(A \cup B)$，如式（2-1）所示。其置信度（confidence，conf）表示如果 D 中包含 A 的事务同时也包含 B 的百分比，即条件概率 $P(B \mid A)$，如式（2-2）所示。

$$\text{sup}(A \rightarrow B) = P(A \cup B) \tag{2-1}$$

$$\text{conf}(A \rightarrow B) = P(B \mid A) \tag{2-2}$$

同时满足最小支持度（min-sup）和最小置信度（min-conf）的规则称为强规则（韩家炜等，2012）。

FP-growth 算法是一种常用的关联规则挖掘算法，与经典关联算法 Apriori 不同，没有逐层搜索数据库进行迭代发现频繁项集，而是通过构建频繁模式树（FP-tree）这种简洁的数据结构，将数据存储在模式树中，并直接从该结构中挖掘提取频繁项集，这样大大降低了算法的时间复杂度。本书将利用 FP-growth 算法中构建频繁模式树的方法，构建简洁的数据结构，并挖掘其中的关联规则。

2. 传播力约束

对用户行为进行关联规则挖掘时，若只利用用户对微地图符号或模板选择的频数进行频繁项的提取，显然没有考虑微地图的传播性。这就有可能导致推荐一个使用频次高，但不易传播的微地图符号或模板，而忽视一个使用频次相对较低，但传播性很强的微地图符号或模板。为了权衡传播力对微地图推荐系统的影响，本书提出了传播力约束下的用户行为关联规则挖掘算法。

1）传播力

传播是大众传媒的根本职能。大众传媒的基本职能在于与目标群体实现社会信息与价值的共享（朱春阳，2006）。而微地图作为大众传媒的一种，只有把握住这一基本职能，传媒经济意义上的影响力才有意义。国内外许多学者从不同视角对传播力进行研究，对传播力的定义有"能力说"和"效能说"两种。Williamson（2014）从符号学意义上提出，传播力是指传播者和受众成功地对信息进行编码和解码的能力，强调"传播能力"。刘建明（2003）最早将传播力界定为"媒介的实力及其搜集信息、报道新闻、对社会产生影响的能力，包括媒介的规模、素质，传播的信息量、速度、覆盖率及影响效果"，强调"传播效果"是媒介传播力的主要表征。

微地图的核心职能是方便日常地图交流，自我定位是大众传媒，因此本书参照大众传媒传播力评估指标体系。具体地，构建大众传媒传播力评估指标体系的第一重任务是要对照媒体实际传播效果与传媒的基本职能或媒体的自身定位之间的相符度；第二重任务在于考察可能影响媒体传播力的诸因子（张春华，2013）。因此，在构建微地图传播力评估体系时，实际的传播效果从"信息传播度"和"信息认可度"两方面进行衡量，具体选用"阅读数"（read number，RN）、"使用数"（use number，UN）、"收藏数"（favorite number，FN）、"点赞数"（like number，LN）。另外，从"传播媒介"和"传播生态"

两方面分析微地图的传播力，对于微地图平台的制作有指导价值。由于"分享数"最终的表现形式回归于上述四个因子，故不参与评估。最终建立的微地图传播力评估体系如图 2-2 所示。

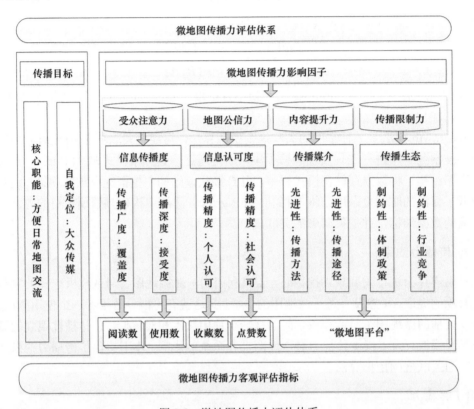

图 2-2 微地图传播力评估体系

根据图 2-2 所构建的微地图传播力评估体系，结合微地图自身的传播职能，利用传播力指数（CCI）（张春华，2013）对其具体的影响因子进行定量测算。根据各个指标对微地图传播的影响不同，赋予各个评估指标不同的权重，将采用加权平均算法对传播力指数进行量化和测算，具体公式如式（2-3）：

$$\bar{x} = \frac{\sum_{i=1}^{n} x_i f_i}{\sum_{i=1}^{n} f_i} = \frac{x_1 f_1 + x_2 f_2 + \cdots + x_n f_n}{f_1 + f_2 + \cdots + f_n} \tag{2-3}$$

式中，x_i 为第 i 个影响因子；f_i 为对应的第 i 个影响因子所占的权重。在本书中，微地图传播力的影响因子为阅读数（RN）、使用数（UN）、收藏数（FN）、点赞数（LN）。其所对应的权重分别为 f_{RN}、f_{UN}、f_{FN}、f_{LN}，则微地图的传播力指数可写为

$$CCI = \frac{RN \cdot f_{RN} + UN \cdot f_{UN} + FN \cdot f_{FN} + LN \cdot f_{LN}}{f_{RN} + f_{UN} + f_{FN} + f_{LN}} \tag{2-4}$$

为了筛选出更符合传播理念的关联规则，对传播力指数设置最小阈值，传播力指数

大于该阈值的将作为强传播力组合。为方便表示，单个用户制作的地图的传播力指数表示为单项传播力指数（individual communication capacity index，ICCI），设置的阈值表示为单项最小传播力指数（min-ICCI）。对多样本数据设定阈值时，由于受样本大小和传播力指数大小两种因素的影响，对数据集的最小传播力指数（min-CCI）采用双参数约束，具体约束条件是最小支持度（min-sup）和单项传播力指数，首先进行最小支持度的约束，利用数据集的总项数（N）乘以最小支持度，从总项数中筛选出出现频次符合强规则的项数，再乘以单项最小传播力指数，即多样本中符合强传播力的最小传播力指数，具体公式如式（2-5）所示：

$$\text{min-CCI} = N \cdot \text{min-sup} \cdot \text{min-ICCI} \tag{2-5}$$

2）传播力指数模式树

对微地图用户信息和行为数据进行统计后构建"传播力指数模式树"，对数据进行压缩表示；具体地，将用户的信息统计为事务项 I 后，分别统计每一项的传播力指数，将每一项的传播力指数作为用户信息的属性数据，用字典形式表示；利用 FP-growth 算法构建 FP-tree 的方法，构建"传播力指数模式树"，其中 FP-tree 是一种对输入数据的压缩表示（晏杰和亓文娟，2013）；通过逐个读取已排序好的事务项，将每项事务映射到模式树的一条路径中。这样由于不同事务之间有若干个相同的项，会存在部分重叠的路径，路径重叠越多，则使用传播力指数模式树对数据的压缩效果越好。若构造后的传播力指数模式树足够小，则可以放在内存中直接挖掘，这也是提高算法效率的根本原因。

下面以表 2-4 的样本数据库为样本数据进行构建说明，首先，对各项进行统计叠加后排序，设置最小传播力指数为 24，过滤不满足条件的项，排序结果如表 2-5 所示；然后，对各个事务项进行排序，依次将每项事务映射到传播力指数模式树的一个分支上，完成传播力指数模式树的构建，过程如图 2-3 所示。

表 2-4　样本数据库

事务项	项目列表	传播力指数	事务项	项目列表	传播力指数
1	ABCDE	10	4	BE	5
2	AC	8	5	ACDE	11
3	BCE	16	6	BDE	15

表 2-5　各项传播力排序结果

项	E	B	C	D	A
传播力指数	57	46	45	36	29

挖掘"传播力指数模式树"采用挖掘 FP-tree 自底向上的迭代方式（蒋盛益等，2011），首先查找传播力指数最小项的强传播力项集，然后依次查找，遍历所有项的强传播力项集。查找过程中利用头节点表和树节点的连接，找出条件模式基。条件模式基可以看作是一个"子数据集"，由传播力指数模式树中与后缀模式一起出现的前缀路径组成。最后依据条件模式基构造条件模式树，以此挖掘出频繁模式。以图 2-4 数据为例，查找以

"A"为后缀的频繁项集,然后依次是"D""C""B""E"。可以找出包含"A"的三个分支构造条件模式基为{(EBCD:10),(ECD:11),(C:8)},利用条件模式基构造条件模式树,构建项"A"的条件模式树如图 2-4 所示。根据条件模式树即可挖掘出强传播力的模式组合,挖掘所产生的数据如表 2-6 所示。

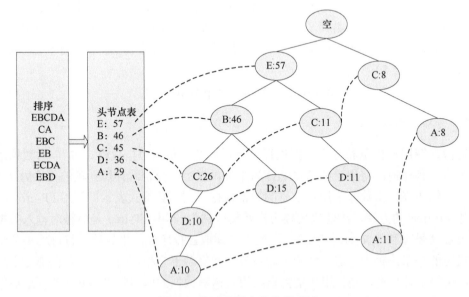

图 2-3 构建传播力指数模式树

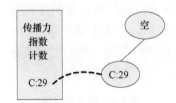

图 2-4 项"A"的条件模式树

表 2-6 条件模式树产生的强传播力模式组合

项	条件模式基	条件模式树	传播力强的模式组合
A	{(EBCD: 10),(ECD: 11),(C: 8)}	<C: 29>	AC: 29
D	{(EBC: 10),(EB: 15),(EC: 11)}	<E: 36, B: 25>	ED: 36, BD: 25, EBD: 25
C	{(EB: 26),(E: 11)}	<E: 37, B: 26>	EC: 37, BC: 26, EBC: 26
B	{(E: 46)}	<E: 46>	EB: 46

3. 传播力约束下的行为关联规则挖掘算法

设计传播力约束下的行为关联规则挖掘算法对微地图用户行为进行挖掘,该算法的具体介绍如下。

该算法的具体约束方式为:首先,通过统计用户信息,将一位用户信息表示为一个事务项,事务项中包含的子集为用户的属性信息或行为信息,同时,统计每一项相应的传播力指数大小，作为事务项的属性数据，这样产生一个新的数据结构，利用字典形式对事务项进行表示，其中，对相同项进行传播力指数的累加；其次，设置最小传播力指数，筛选所有满足传播力条件的事务项，通过构建传播力指数模式树，压缩数据形式，并挖掘事务项中子集的关联规则；最后，利用置信度，对找出的关联规则进行评价，找出影响微地图传播效果的组合。

输入：用户信息<属性信息，环境，需求，模板，符号>；用户制作地图的传播力影响因子<阅读数，使用数，收藏数，点赞数>。

输出：强传播力的用户信息关联规则。

该算法的具体步骤描述如下，流程图如图 2-5 所示。

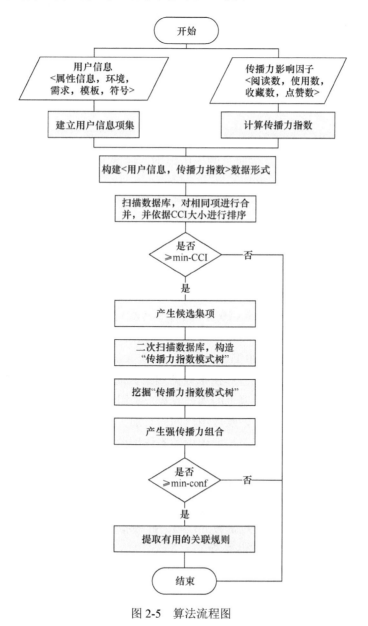

图 2-5　算法流程图

步骤 1：构建传播力指数。统计用户制作出的微地图的传播力影响因子（阅读数、使用数、收藏数、点赞数），通过统计用户习惯、分析传播范围，对不同的传播力影响因子设置不同的权重，采用加权平均的方法构建传播力指数。

步骤 2：对用户信息进行传播力指数约束。建立用户信息与传播力指数之间的对应数据结构<用户信息，传播力指数>，扫描数据库，对相同项的传播力指数进行合并处理，并按照降序重新对每一个数据项进行排列。

步骤 3：筛选传播力强的数据项。根据实际传播范围设置最小支持度阈值，计算最小传播力指数（min-CCI），删除传播力指数小的数据项集，由于这些项目在整个挖掘过程中不起任何作用，最终保留满足传播力要求的数据项集。

步骤 4：构造"传播力指数模式树"。对筛选后的数据库进行二次扫描，如图 2-5，与构建 FP-tree 的过程相同，逐条扫描数据信息，按照一定的数据排列方法，得到一种简洁的数据结构——"传播力指数模式树"。

步骤 5：挖掘"传播力指数模式树"。对构造的模式树采用自底向上的迭代方式（蒋盛益等，2011），找出每一项的条件模式基，由此构造条件模式树，最终挖掘出强传播力的模式组合。

步骤 6：提取有用的关联规则。计算各个关联规则的置信度，设置最小置信度（min-conf），删除置信度低的规则，同时过滤无用规则，保留置信度高的关联规则。

2.5.3　关联规则挖掘实验与分析

1. 实验过程

为了测试算法的性能与挖掘效果，本书选择经典的关联规则挖掘算法 FP-growth 作为比较对象，通过对比运行时间和分析运行结果的不同，测试该算法的适用性及其性能。本书测试程序运行环境为 Windows 10 专业版，编程语言为 Python 3.7.6，硬件环境：处理器为英特尔 Xeon（至强）E5-2650 v4（X2）；内存为 8 GB（三星　DDR4 2400MHz）；显卡为 NVidia GeForce GTX 1080 Ti。

本次实验数据将采用问卷调查和模拟数据相结合的方法获取。对于用户的属性信息及其对应的行为信息，采用问卷调查的形式收集。利用多维情景下的微地图用户的分析方法，对用户信息进行问卷调查，发放用户面向普通大众。问卷的具体内容有性别、年龄、职业、所学专业、地图的相关技能评价、制作地图的类型、制作地图的目的，并提供制作出的微地图符号和模板供用户选择，收集整理这些微地图用户的行为信息。然而，对于用户制作的微地图传播力影响因子数据，由于系统未上线，将利用仿真数据集来模拟传播力指数。采用随机赋值的方法赋予每项 0～200 的四个属性值，即阅读数（RN）、使用数（UN）、收藏数（FN）、点赞数（LN），此模拟数据将只针对该算法的可行性进行测试，该挖掘结果的真实性只供参考。

其中，在对传播力指数的模拟中，各个影响因子的权重与微地图的传播效果和传播范围成正比，按照图 2-2 构建的微地图传播力评估体系，结合本次数据的传播特性，对传播深度"使用数"和社会认可"点赞数"赋予高权重，对传播规模"阅读数"和个人认可"收藏数"赋予低权重，制定对应的权重如式（2-6）所示：

$$f_{RN}:f_{UN}:f_{FN}:f_{LN}=1:4:1:4 \tag{2-6}$$

则微地图的单项传播力指数（ICCI）可以表示为

$$ICCI = 0.1\cdot RN + 0.4\cdot UN + 0.1\cdot FN + 0.4\cdot LN \tag{2-7}$$

剔除无效数据，收集调查问卷共计 317 份，对用户信息进行过滤整理，同时制作用户信息数据集。结合相关参数设置（表 2-7），生成数据集。

表 2-7　测试相关参数

参数符号	含义	设置大小
N	项的数目	317
L	项集的长度	9
M	每项的属性个数	4
min-ICCI	单项最小传播力指数	25～100
min-sup	最小支持度	2%～20%
min-CCI	最小传播力指数	158.5～6340
min-conf	最小置信度	10%～50%

2. 算法性能对比

本次实验收集调查问卷共计 317 份，结合表 2-7，对问卷收集的数据和算法测试相关参数进行整理定义。本书将从单项最小传播力指数（min-ICCI）、最小支持度（min-sup）、最小置信度（min-conf）三个方面的变化对算法性能的影响进行评估。

不同因子对算法运行时间的影响如图 2-6 所示，其中图 2-6（a）是在确定最小支持度为 5%，最小置信度为 50%的条件下，测试不同单项最小传播力指数对算法性能的影响；图 2-6（b）是在确定单项最小传播力指数为 50，最小置信度为 50%的条件下，测试不同最小支持度对算法性能的影响；图 2-6（c）是在确定单项最小传播力指数为 50，最小支持度为 5%的条件下，测试不同最小置信度对算法性能的影响。

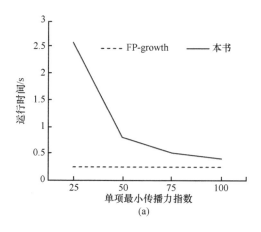

(a)

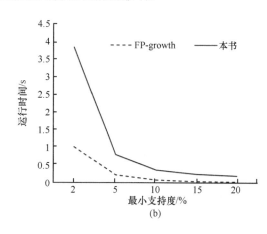

(b)

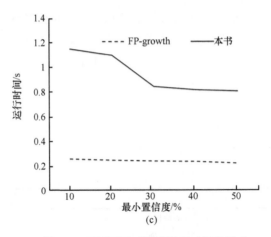

图 2-6　不同因子对算法运行时间的影响

从实验结果可以看出，本书在传播力指数约束下的关联规则挖掘算法由于约束条件的增加，其算法过程需逐项计算并判断传播力指数，运行时间相较于 FP-growth 算法均有所增加。参数变化的过程中，可以得到该算法性能的一些变化规律：本次实验数据，由图 2-6（a）得出，在单项最小传播力指数设为 50 时，传播力指数对本次数据有较好的约束效果。在图 2-6（b）中，最小支持度大于 10%后，算法的运行时间趋于稳定，说明本次数据的挖掘数量已不影响算法性能，最小支持度的增大对算法性能的影响已不占主要部分。在图 2-6（c）中，确定最小置信度，本次数据设置 30%就可以过滤大部分的挖掘结果，更方便去选择传播力指数高的关联规则。

总的来说，该算法在增加约束条件的基础上，运行时间没有比 FP-growth 算法增加太多；在对数据的挖掘过程中，针对本次数据特点，设置单项最小传播力指数为 50，最小支持度为 10%，最小置信度为 30%，就可以得到本次数据较好的挖掘效果。

2.6　微地图用户模型的设计与实现

2.6.1　人机交互与情景获取

用户通过微地图系统制作传播微地图的过程中，需要在客观环境情景下进行人机交互，所以客观环境情景对用户有着制约作用。其中，用户属性情景和用户需求情景在进行人机交互的过程中带有强烈的主观性，直接影响微地图的选择。在此交互过程中，用户和微地图系统将受到多维情景因素的影响。用户与微地图之间的情景交互体系如图 2-7 所示。

其中，在用户属性情景方面，系统会直接询问获取用户的显性属性信息，而隐性属性信息将在交互过程中通过相关数理统计算法进行采集并保存，这些用户属性信息与用户之间是一一对应的关系，并保持着自身的独一性。在用户需求情景方面，用户首先会预想自己的用户需求，然后在微地图系统中通过搜索、收藏、点赞、分享等操作表现出用户需求，这些行为将在微地图系统中制定规则，对用户需求进行划分。

　　另外，现实中的客观环境会对用户的选择或判断有所干扰，微地图将对所需的客观环境情景进行自识别或从其他端口获取，同时进行记录并聚类，辅助用户选择。三种情景维度相互影响，同时又具备各自独有的特征信息，使得用户形象更加鲜明立体。通过对用户进行多维情景分析，并对各个情景进行聚类，微地图系统与用户之间建立了有效的数据联系。

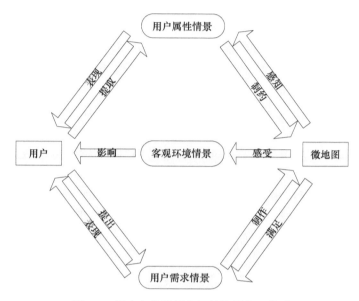

图 2-7　用户与微地图之间的情景交互体系

2.6.2　微地图用户模型设计

　　微地图用户建模的实质就是对用户的知识进行显式描述，将用户隐式的知识显式化，并映射到计算机内部，由用户模型系统专门对这部分知识进行维护。微地图用户建模的目的就是推断用户在某种环境下的需求，并提供主动的帮助，使用户能快速制作地图，并且其制作的地图具有专业的地图知识和较强的传播性。

1. 微地图用户模型构建方法

　　微地图用户模型是对用户信息的判别、动态交互行为的模拟以及背后机理的挖掘，是实现微地图软件的基础，主要利用用户知识水平、职业、年龄、性别、兴趣、历史行为等可量测的数据，推断用户行为等不可量测的信息，协助用户制图。在相对完善的微地图软件系统中，用户模型分为初级用户模型和高级用户模型，初级用户模型一般根据基础的用户信息即可建立；在后续人机交互过程中，收集用户行为习惯和传播信息，挖掘其中的关联规则，改进为高级用户模型。

　　微地图软件系统可以按建模对象的不同将用户模型分为个体用户模型和群体用户模型。群体用户模型是从个体用户模型中进行聚类生成的，当用户还没有在微地图系统中产生足够的交互信息时，主要从群体用户模型中匹配相似的用户模型进行行为预测；

当用户行为已经足够丰富时，将使用个体用户模型进行匹配。

本书基于贝叶斯网络的用户建模方法对微地图用户模型进行建立。该方法具有较大的灵活性，在系统结点之间的条件概率的基础上，对用户行为进行预测，判定最终的行为和概率。其还可以同时支持个体演绎法和群体学习法，在用户建模的不同阶段中具有良好的效果。

2. 微地图用户建模流程

就微地图用户而言，每个用户都有着各自的用户属性信息、客观环境信息、用户需求信息，同时在进行交互的过程中，记录着该用户的地图模板选择、分享等相应的行为信息，这些信息都将参与到用户的建模中。根据本书的分类思想——多维情景分析，利用用户属性信息、客观环境信息、用户需求信息建立一个用户个体，从用户个体基本信息与用户行为信息的对应关系中，挖掘两者之间传播性的规则，用于用户行为的预测，建立个体用户模型；并利用规则聚类的方法，建立群体用户模型，生成用户模型，将其推广至微地图。

微地图用户建模流程如图 2-8 所示。通过用户初步认知实验，使用认知实验或问卷调查表的形式，收集用户属性信息、客观环境信息和用户需求信息，并统计量化为初始用户信息，建立初级用户系统；通过各类用户的操作，收集用户行为信息，统计用户制作的微地图的传播信息，并反馈给初级用户系统；提取初级用户系统中有用的用户信息及行为，进行传播力约束下的关联规则挖掘，建立一个初级用户模型，包括选择用户制图界面、提供微地图符号和推荐模板等；通过挖掘这些各类的关联信息，更新初级用户

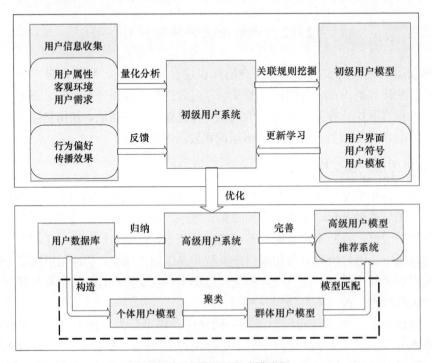

图 2-8　微地图用户建模流程

系统，成为高级用户系统；通过收集足够多的用户信息，完善用户信息和行为，生成一个高级用户模型；同时从高级用户系统中提取用户的背景信息、行为信息和用户反馈评价信息，构造个体用户模型；对个体用户模型进行聚类处理，将具有足够高密度的区域划分为簇，构建群体用户模型。

建立完整的群体用户模型后，对于一个初次使用的新用户，可以通过分析新用户的信息，在群体用户模型中找出最匹配的用户模型，即模型匹配；如果用户自身的交互信息足够丰富，将直接在个体用户模型中进行匹配。

进行聚类的过程中，采用基于高密度连接区域的聚类方法进行归类，将具有足够高密度的区域划分为簇。聚类后续的匹配只需在成员与类之间进行而不需要在成员个体之间进行，即只需要将用户个体的情景与所建立的情景类进行比较。这样对于微地图系统来说，既提高了匹配效率，同时减少了冗余数据的产生。例如，基于密度的聚类算法OPTICS（ordering points to identify the clustering structure）（王英杰等，2005），通过式（2-8）计算可得到两类用户属性信息之间的相异度，如果距离相近，则被分为同一用户情景簇中；如果距离较远，则被分到两个不同的用户情景簇中。

$$d(i,j) = \sqrt{\left|x_{i1} - x_{j1}\right|^2 + \left|x_{i2} - x_{j2}\right|^2 + \cdots + \left|x_{ip} - x_{jp}\right|^2} \qquad (2\text{-}8)$$

式中，$i = (x_{i1}, x_{i2}, \cdots, x_{ip})$ 和 $j = (x_{j1}, x_{j2}, \cdots, x_{jp})$ 为两个 p 维的数据对象，分别记录某类用户对各个模板的使用次数。

OPTICS 算法检查每个样本点的邻域来寻找聚类，如果一个点 P 的 ε 领域中包含多个指定阈值，则创建一个以 P 为核心对象的集合，称为"簇"。从这个簇中检索密度可达的对象，直到没有新的点可以被添加到任何簇时，结束聚类过程。

其中，用户数据库中的用户记录表和行为统计表是聚类的基础，对于微地图用户，分为用户的情景记录表和行为汇总表两类。用户的情景记录表主要记录用户的情景特征，行为汇总表主要记录对应的用户行为数据，包括模板使用、分享、收藏和点赞等行为，其用户群体样本越多，普遍性越高，用户模型也越具有代表性。平台设计初期缺少相应的用户数据，主要通过问卷调查的方法收集用户信息和相应的用户行为，随着用户数据库的增多，地图模板的丰富，用户模型也将会更优化。

3. 微地图用户模型更新学习模块

在一定时间内，用户的信息需求和操作行为具有相对的稳定性，但又不是一成不变的，当用户的信息需求发生改变时，就需要对原有用户模型进行优化更新。在用户模型的更新学习模块中，用户模型优化更新可以通过以下两种方式实现。

1）用户主动更新

用户主动更新，即用户通过可操作的界面对用户模型提出主动的修改和维护意见，并利用用户自身的认知对用户模型进行修改。这种更新方式可以直接反映用户特征的变化，给用户更大的自由度。但其缺点是容易导致过度的主观性，并给用户带来额外的负担。

2）通过机器学习的方式自动更新

机器学习的目的是跟踪用户行为,提高用户信息收集的针对性和准确性。通过机器学习技术,利用用户反馈对知识库进行推理学习。经过一段时间的学习积累,可以通过相应的执行机制,修改已有的知识或派生出新的知识,并增加用户在某些感兴趣领域的新知识。

2.6.3　微地图用户模型测试

1. 微地图用户模型测试概述

本次测试由于软件平台未上线,将利用多维情景的分析方法,结合问卷调查的方法,对微地图用户进行信息收集,并制作相关的微地图符号或模板,在用户制图过程中供用户选择;同时,对用户制作的地图进行跟踪,提取其传播效果,利用传播力约束对用户行为进行关联规则挖掘,得出影响微地图传播的用户行为组合,并反馈给初级用户模型进行优化,完善推荐系统,生成微地图高级用户模型。

本次实验数据同样采用 2.5.3 节中的实验数据,利用问卷调查和模拟数据相结合的方法获取。本次测试利用调查问卷的数据对用户信息进行表示,利用仿真数据来模拟传播力指数,即对传播力指数影响因子随机赋值 0～200。此模拟数据只测试该模型的可行性,对于挖掘结果的真实性只供参考。本次测试的任务是分析模型对用户信息的识别存储情况,了解关联规则挖掘后初始模型的改进情况,进而验证推荐系统中能否推荐强传播力的模板或符号。

2. 测试过程及评价

用户模型的测试过程及评价将从用户调查问卷分析和挖掘结果对比两个方面进行分析与评价。具体地,对微地图用户的基本属性和偏好进行分析后,挖掘微地图用户行为信息之间的关联性,并借助置信度对挖掘结果进行评价。

1）用户调查问卷分析

本次测试收集问卷 317 份,其中男生占比 60.09%,女生占比 39.91%。在对调查的用户进行属性统计时发现,人们对地图有较强的分享意识和协作能力,而制图能力和识图能力有所欠缺。微地图将利用用户这一特点,构造一个可多人协作并可分享的用户制图平台,将用户的合作制图能力提升,并向制图者提供多个地图模板和完善的符号系统,使用户不仅仅是一个“用图者”,更是一个合格的“制图者”。具体的用户能力统计图如图 2-9 所示。

另外,人们喜欢制作的地图类型主要是旅游地图和导航地图,对制作地图的期待更多的是“记录一件事情”“寻路导航”和“发布交流”,这些都是贴近人们生活的一些活动。可以看出,如今人们的日常交流不仅停留在文字或图片上,利用地图这种载体来表现日常活动已是大多数人的选择,更体现出人们的沟通方式越来越多样化。其中,人们对符号的选择更偏向于“手绘符号”,比例占到 42%,这说明个性化的符号表达更符

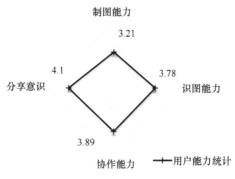

图 2-9　用户能力统计图

合人们多样化的追求。并且人们对模板的选择均有所涉及，呈多样化的选择方式，说明单一模板远远满足不了多用户群的需求，需要更多的地图模板供用户选择。对用户制作地图的用途统计图和用户对符号的选择统计图如图 2-10 和图 2-11 所示。

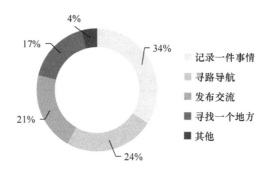

图 2-10　用户制作地图的用途统计图

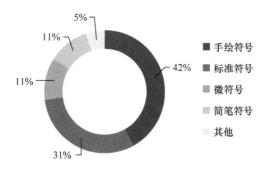

图 2-11　用户对符号的选择统计图

2）挖掘结果对比

对本次调查问卷收集的用户信息，设置不同的最小支持度以及最小置信度，分别利用频繁度规则和本书提出的传播力指数规则对用户行为进行关联规则挖掘，并对挖掘结果进行对比。

首先，利用 FP-growth 算法根据频繁度进行关联规则提取，设置最大出现次数为31 次，即最小支持度为 10%，进行第一次筛选；然后在这些满足最小支持度的项中挖掘关联规则，设置最小置信度为30%，剔除一些无用规则，可以得到关联规则，如表2-8所示。

表 2-8　FP-growth 算法的关联规则挖掘结果统计

关联规则	最小置信度/%
<大学生，非制图相关专业> → <手绘符号>	44.44
<大学生，非制图相关专业> → <记录一件事情>	30.13
<记录一件事情> → <手绘符号>	37.83
<旅游地图> → <女生，手绘符号>	41.23
<旅游地图> → <手绘符号，记录一件事情>	38.14
……	……

其次，利用本书算法，通过模拟制作出的地图的阅读数、使用数、收藏数、点赞数，计算出各个用户制作出的地图传播力指数，将传播力指数的大小作为关联规则挖掘的衡量标准，设置10%的最小支持度，min-ICCI=50，则由式（2-5）可得总体的最小传播力指数（min-CCI）=1585。首先筛选出大于最小传播力指数的项，然后在筛选后的项中提取置信度大于50%的关联规则，如表2-9所示。

表 2-9　传播力指数约束下的关联规则挖掘结果统计

关联规则	最小置信度/%
<大学生，记录一件事情，非制图相关专业> → <手绘符号>	50.16
<手绘地图> → <非制图相关专业，手绘符号>	53.21
<旅游地图> → <硕士，制图相关专业>	53.30
<儿童地图> → <制图相关专业，手绘符号>	56.94
<分布地图> → <男，非制图相关专业>	59.91
<标准符号，地图相关专业，地图能力强> → <男，硕士>	64.48
<协作能力强，制图能力弱> → <大学生，非制图相关专业>	51.91
<旅游地图，大学生> → <女，手绘符号>	52.17
……	……

由表2-8和表2-9可以看出，由FP-growth算法挖掘出的结果和本书算法挖掘出的结果均可以得到一些有价值的关联规则。FP-growth算法侧重于出现频次的大小，这样在小样本中需要单项高频次出现，而本书的样本数较少，这就导致提取出较少的关联规则。另外，本书传播力指数约束下的关联规则挖掘算法将每一项赋予传播力指数，这样利用频次和所对应的传播力大小对每一项进行约束赋值，更能挖掘出一些隐藏的关联规则。例如，在满足最小置信度的要求下，利用FP-growth算法可以挖掘出"非制图相关专业""大学生"会选择"手绘符号"；而本书算法以传播力进行约束，可以发现不仅是"大学生""非制图相关专业"选择"手绘符号"，在用户制作"儿童地图"或"旅游地图"时，选择"手绘符号"制作的地图传播力较大，也能达到最小置信度的要求。

由此得出，传播力约束下的挖掘算法对强传播力的组合有较敏感的挖掘效果，无论从挖掘数量还是挖掘质量来说，挖掘结果更符合微地图"点对点"传播的思想。

总的来说，在对用户模型测试的过程中，对用户信息的多维情景表示可以方便地转化为计算机语言，有助于计算机完整地认识用户；在对用户行为关联规则挖掘的过程中发现，传播力约束对挖掘用户行为之间的强传播力组合具有明显的效果，可以体现微地图易传播的思想；对于新用户，利用相应的聚类算法为用户匹配相似的用户群体，方便用户融入微地图。微地图用户模型的构建可以方便地管理用户信息，同时挖掘出用户背后的行为机理，使用户和微地图软件平台的交互过程更加快速智能。

2.7　本章小结

本章从微地图特点和微地图软件平台的功能出发，论述了微地图用户及其建模的方法，首先以多维情景的分析方法对微地图用户进行分析并做规范化表达，建立初级用户模型；接着挖掘用户行为背后的产生机理，利用传播力约束进行关联规则挖掘，优化初级用户模型；最后基于贝叶斯网络的用户建模方法，构建微地图高级用户模型，向用户推荐传播力强的微地图符号或模板，协助用户进行快速制图，使用户和平台之间的交互更加快速。微地图用户及其建模是微地图制作、传播的基础。

参 考 文 献

董雁适, 程翼宇, 潘云鹤. 2002. 基于高频模式树的项约束关联规则发现方法. 浙江大学学报(工学版), 36(4): 101-106.

付冬梅, 王志强. 2014. 基于 FP-tree 和约束概念格的关联规则挖掘算法及应用研究. 计算机应用研究, 31(4): 1013-1015, 1019.

关庆珍. 2008. 基于本体的个性化信息搜索的用户模型研究. 重庆: 西南大学.

关志伟. 2000. 面向用户意图的智能人机交互. 北京: 中国科学院大学.

韩家炜, Micheline K, 裴健. 2012. 数据挖掘: 概念与技术. 北京: 机械工业出版社.

戴渼钧. 2006. 面向个性化服务的用户建模相关问题研究. 情报杂志, (3): 77-79.

姜葳. 2006. 用户界面设计研究. 杭州: 浙江大学.

蒋盛益, 李霞, 郑琪. 2011. 数据挖掘原理与实践. 北京: 电子工业出版社.

焦李成, 杨淑媛, 刘芳, 等. 2016. 神经网络七十年: 回顾与展望. 计算机学报, 39(8): 1697-1716.

李荣. 2004. 人机交互中用户建模方法的研究. 南京: 南京师范大学.

凌云, 陈毓芬, 王英杰. 2005. 基于用户认知特征的地图可视化系统自适应用户界面研究. 测绘学报, 34(3): 277-282.

刘建明. 2003. 当代新闻学原理. 北京: 清华大学出版社.

聂亚杰, 刘大昕, 马惠玲. 2001. Agent 的体系结构. 计算机应用研究, 18(9): 52-55.

钱静, 刘奕, 刘呈, 等. 2015. 案例分析的多维情景空间方法及其在情景推演中的应用. 系统工程理论与实践, 35(10): 2588-2595.

任磊. 2012. 推荐系统关键技术研究. 上海: 华东师范大学.

王巧容, 赵海燕, 曹健. 2011. 个性化服务中的用户建模技术. 小型微型计算机系统, 32(1): 39-46.

王英杰, 余卓渊, 苏莹, 等. 2005. 自适应空间信息可视化研究的主要框架和进展. 测绘科学, 30(4): 92-96, 7.

吴增红. 2011. 个性化地图服务理论与方法研究. 郑州: 解放军信息工程大学.

谢超. 2009. 自适应地图可视化关键技术研究. 郑州: 解放军信息工程大学.

闫浩文, 张黎明, 杜萍, 等. 2016. 自媒体时代的地图: 微地图. 测绘科学技术学报, 33(5): 520-523.

晏杰, 亓文娟. 2013. 基于 Aprior&FP-growth 算法的研究. 计算机系统应用, 22(5): 122-125.

杨涛, 王云莉, 肖田元, 等. 2003. 主动设计知识服务系统中的用户建模研究. 系统仿真学报, 15(2): 155-157, 166.

原清海, 严隽琪. 1998. AHCI 中对用户建模的模糊数学处理方法. 上海交通大学学报, 11(5): 62-63.

张春华. 2013. "传播力"评估模型的构建及其测算. 新闻世界, (9): 211-213.

张剑, 闫浩文, 王海鹰. 2020. 多维情景下的微地图用户分析. 测绘科学, 45(7): 148-153, 180.

张剑, 闫浩文, 王卓, 等. 2022. 传播力约束下的微地图用户关联规则挖掘算法. 测绘科学, 47(1): 227-235.

张淑华, 李海莹, 刘芳. 2012. 身份认同研究综述. 心理研究, 5(1): 21-27.

郑束蕾, 陈毓芬, 邓毅博. 2015. 电子地图可视化要素认知模型的因子分析. 测绘科学技术学报, 32(2): 217-220.

周成虎. 2014. 全息地图时代已经来临—地图功能的历史演变. 测绘科学, 39(7): 3-8.

朱春阳. 2006. 传播力: 传媒价值竞争回归的原点. 传媒, (8): 52.

Agrawal R, Srikant R. 1994. Fast algorithms for mining association rules in large databases. Santiago: Proceedings of the 20th International Conference on Very Large Databases: 487-499.

Allen R B. 1990. User models: Theory, method, and practice. International Journal of Man-Machine Studies, 32(5): 511-543.

Dey A K. 2000. Providing architectural support for building context-aware applications. Atlanta: Georgia Institute of Technology.

Horvitz E. 1998. The Lumiere project: Bayesian user modeling for inferring the goals and needs of software users. Madison: Proceedings of Fourteenth Conference in Artificial Intelligence: 256-265.

Neis P, Zipf A. 2012. Analyzing the contributor activity of a volunteered geographic information project-the case of OpenStreetMap. ISPRS International Journal of Geo-Information, 1(3): 146-165.

Park J S, Chen M, Yu P S. 1995. An effective hash-based algorithm for mining association rules. New York: Proceedings of the ACM-SIGMOD Conference: 175-186.

Tsou M H. 2011. Revisiting web cartography in the United States: The rise of user-centered design. Cartography and Geographic Information Science, 38(3): 250-257.

Williamson G. 2014. Communication capacity. https://www.sltinfo.com/communication-capacity/[2021-7-18].

第 3 章　微地图符号

微地图是一种新的地图形式，其符号有别于传统的地图符号。微地图符号是微地图内容的载体和传输工具，是保证微地图所要表达的内容能够快速、准确、方便地被制作者和使用者理解与使用的保障，是微地图制作者和使用者之间的沟通桥梁，是微地图的语言。

3.1　微地图符号的特点

微地图符号是空间信息和视觉形象的复合体，其用于记录、转换和传递各种自然现象和社会现象的知识，具有普通地图符号的两个特点：约定性和等价性。

（1）约定性：微地图符号具有约定性，以约定的关系为基础，用一种具体的对象来指代抽象的概念。微地图符号化的过程即约定过程，在这个过程中，可以选择不同的形状指代某一类抽象的概念，确定之后该形状就变成微地图符号。例如，在一幅微地图内，只要用长方形表示目标点，其他的内容就不再采用该类长方形符号表示。

（2）等价性：微地图符号具有等价性，不同形式的符号存在等价关系，多个符号可以表达同一个抽象的概念，是一种多对一的关系。微地图符号不需要严格、规范地设计，只需要根据被表达对象的空间分布特征、相对重要性和相关位置关系等，用微地图符号表达出来，使空间数据成为可视化的微地图即可。

微地图符号除了具有地图符号应有的特性之外，还具有 3 个专属特点：简单化、多元化、个性化。

（1）简单化。微地图是面向公众的"草根地图"，用户不需要有专业的绘画知识和制图技能，使用者与制作者不需具有一定的绘画基础。从实用的角度来看，过于复杂的符号不利于信息的传播交流。因此，从微地图的制作和传播两方面考虑，微地图符号一般应尽量简单。图 3-1 中的 2 个地图符号就遵循了微地图符号简单化的原则。

图 3-1　山、树的微地图符号

（2）多元化。微地图用户的需求是多元化的，不同年龄、性别、性格、教育程度、文化背景、地域的用户，对微地图符号的要求不同，微地图符号的设计还受到地图用途、地图比例尺等的影响，因此，微地图符号必须是多元的。例如，医院符号的多元化表达，可以用红十字、急救车、医疗器械或各种药品来表示（图3-2），如此就可以满足用户多元化的需求。

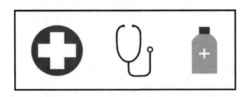

图 3-2 医院符号的多元化表达

（3）个性化。用户所表达的符号与实际的地理事物之间不仅仅是单一的对应关系，还可以是多对一的关系，即不同的用户或不同的地图制作者对于同一类目标可以用多个符号来表达。如图3-3所示，4个学生根据自己的喜好用4个不同的微地图符号来表达学校。

图 3-3 学校符号的个性化表达

3.2 基于视觉变量的微地图符号生成及应用

视觉变量是符号设计的科学性、艺术性的重要依据。很多学者根据地图符号的特点，提出了不同的视觉变量。微地图符号具有不同于常用地图符号的特点，因此，这里有必要重新审视其视觉变量。

3.2.1 微地图符号视觉变量

从微地图概念上来讲，微地图的视觉变量与常用地图的视觉变量相同。微地图视觉变量是构成微地图符号的基本因素，其与普通地图符号视觉变量的最大区别在于适用于微地图，能够满足微地图和微地图符号的特点。换一种说法，一个微地图符号由一个或几个视觉变量来组合实现，如果将微地图视觉变量作为自变量，那么微地图符号则为因变量，两者间的关系如图3-4所示。

1. 微地图符号视觉变量的特征

微地图视觉变量与常用的视觉变量相比，除在概念上存在不同之外，其应具有以下其他特征。

（1）普适性。普适性是指微地图视觉变量具有较高的辨识度和通用性。微地图的用户不区分制作者和使用者，构成微地图符号的视觉变量需要被制作者和使用者共同识别。普适性越大的变量越生动逼真，进而使用者更容易理解制作者要表达的地图内容，可以有效地提高微地图的传输效果。

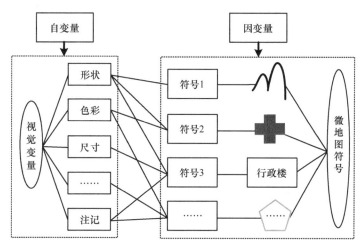

图 3-4　视觉变量与微地图符号之间的关系

（2）概括性。概括性是指微地图视觉变量可以概括微地图符号所表达目标的基本特征。微地图制作者通过最简洁明了的视觉变量进行地理现象主要特征的表示，使用者可以很快从中获取到相应的信息，以此更好地体现微地图能互播、平民化的特点。

（3）灵活性。灵活性是指每个视觉变量类型的表现形式不仅仅只有一种，也就是多样性。例如，形状变量可以是规则的和不规则的，还可以是字母或者图片等。如此，其可以更加方便大众用户实时参与微地图的制作。

（4）组合性。组合性是指微地图视觉变量之间可以自由组合，可以由一个、两个或者多个变量共同组合构成一个微地图符号，微地图用户不需要专业的制图知识和技能也可以完成地图内容的表达。

（5）系统性。系统性是指经过视觉变量设计表达的符号，不需要根据不同比例尺来调整微地图符号的细节，不同比例尺可以使用同一个微地图符号，在确保地图内容正确传输的情况下，同一幅微地图也可以多比例尺共存。

2. 微地图符号视觉变量的表达

微地图的视觉变量包括形状、尺寸、注记、色彩、位置等（白娅兰等，2021）。以下对微地图符号的各个视觉变量进行详细说明。

形状变量是指微地图符号的外形，包括专业地图的"规范化"几何图形和具象图形，还包括自媒体时代的"大众化"简单图形。微地图形状变量没有特别严格的点状、线状、面状符号之分。微地图制作者使用几何图形、具象图形、简单图形表达出所需信息，可以被对方识别并将信息准确传递。这些图形可以是针对"大众"的普泛化形状，也可以是"你知我知"的独特化形状，如图 3-5 所示。

尺寸变量不再是规范的、单一的大小、粗细、间隔的变化，而是不受数学基础要求约束的"自由化"的大小变化。专业地图的尺寸变量是在相同比例尺下，通过地理事物之间的相对大小来表达地图内容。然而，微地图对比例尺的精度要求不高，在正确表达地理信息的前提下，同一张地图可以多比例尺共存，重要信息适当"夸大"，次要信息适

(a)几何图形　　　　　(b)具象图形　　　　　(c)手绘图形

图 3-5　视觉变量形状示例

当"缩小"。例如，小明从家去蛋糕店，要经过宝石花路，由于在相同比例尺下，该道路被综合后无法清晰显示［图 3-6（a）］，此时，微地图用户则可以不考虑比例尺问题，将宝石花路"夸大"表示［图 3-6（b）］。

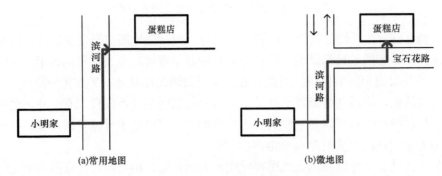

(a)常用地图　　　　　　　　　　　(b)微地图

图 3-6　视觉变量尺寸示例

微地图注记变量相比于专业的注记变量来说有更重要的作用，其不仅可以是地理事物的名称，还可以是地理事物的属性特征。当某个建筑没有名称，但对表达微地图内容又具有重要的作用时，微地图用户通过对该建筑的认知，借助其属性特征完成对该建筑的标注。如图 3-7 所示，微地图用户要表达财务处所在位置，却不知道财务处所在楼的名称，但该楼最大的特点是外观为红色，故用户将其标注为"小红楼"。如此，其他用户则可快速地找到财务处的位置。在进行符号设计时，这样的注记变量对公众来说更加简单，更加有利于微地图内容的表达；微地图的用户也更加方便参与地图的制作，微地图的使用者则可以更直观地识别该符号所代表的地理事物。

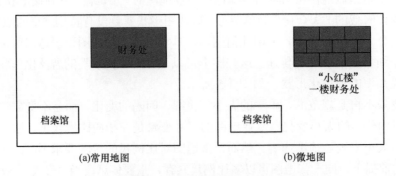

(a)常用地图　　　　　　　　　　　(b)微地图

图 3-7　视觉变量注记示例

色相、饱和度、亮度不再单独存在，而是共同作为微地图的色彩变量。专业地图的色相、饱和度、亮度变量主要用来表达地理事物的差异感、等级感，在地图制作上有较高的技术要求，不利于公众参与。而微地图用户不一定需要具备专业的制图技术，在进行微地图制作时，对色彩的选择更加灵活、多样。用户可以根据自己的常规认知和所处的自然环境直接选择色彩，如图 3-8 所示，南方人可以用蓝色来表示河流；北方人可以用土黄色来表示河流。

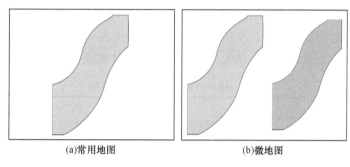

图 3-8　视觉变量色彩示例

专业地图的位置变量代表绝对位置，微地图符号的位置变量代表相对位置，二者相比有较大区别。该变量对微地图符号设计的意义不大，但其对微地图的内容表达具有一定意义。微地图用户不需要具备相关的地理专业知识，通过该变量表示出地理事物的分布即可。如图 3-9（b）所示，用户老王知道某学校的位置，不知道 A 地的位置，此时，用户小张给老王画出 A 地相对于某学校的位置，老王则可快速找到 A 地。

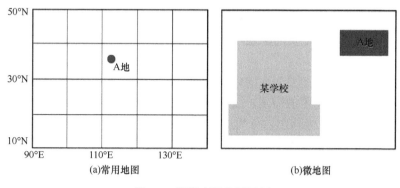

图 3-9　视觉变量位置示例

3.2.2　基于视觉变量的微地图符号设计

1. 微地图视觉变量的影响因素

在运用视觉变量进行微地图符号设计时，微地图视觉变量表达受到诸多因素的影响，包括识图习惯、显示环境、地图类型等。运用微地图视觉变量进行微地图符号设计时，其影响因素可以概括总结为用户、环境、地理事物三大类。

1）用户因素

微地图用户在通过视觉变量进行微地图符号设计时，受自身诸多因素的影响。

A. 用户属性

微地图的用户属性可理解为用户的基本情况，包括用户性别、年龄、文化背景、职业等，这些信息相对明确清晰，短时间内稳定不变，对视觉变量的影响相对比较固定。例如，儿童在色彩变量类型上偏好红色、黄色，其次是橙色、蓝色，这些色彩都是比较鲜艳活泼的。因此，根据自身属性的不同，用户对视觉变量的主观感受和客观认识不同，对微地图符号视觉变量的理解、表达也不同。运用微地图视觉变量进行符号设计时，需要考虑用户的年龄、文化背景、职业等相关因素，具体如表 3-1 所示。

表 3-1　用户对视觉变量的影响分析

用户因素		描述	变量类型
用户属性	年龄	不同年龄的用户对视觉变量的认识不同	色彩、形状
	文化背景	文化背景不同，对视觉变量的理解不同	色彩、注记、形状
	职业	专业相关与否，对视觉变量的表达不同	色彩、形状
用户需求	导航类 记录类 管理类 ……	不同的需求，对应不同的微地图类型，通过不同的视觉变量来表现	尺寸、色彩、注记

B. 用户需求

微地图的用户需求还包含用户的隐形属性，主要是指用户在不同情景下的心理变化情况，如用户的需求心态、用图目的，其有着灵活多变、不易捕捉、隐性持续的特点，不易准确表达，难以进行定量的描述，具有不同程度的不确定性，因此将其按照所需微地图的功能进行定性描述。

用户需求决定了微地图要表达的内容，不同的需求转化为不同的微地图类型。根据日常生活中人类对地图使用的需求，微地图的用户需求可以分为导航类、记录类、管理类等不同类别。相应地，微地图也分为这几类（表 3-1），其要表达的主、次要信息不同，选取设计符号的视觉变量自然不同。

2）环境因素

在不同客观环境下，视觉变量给人类不同的视觉感受。同一个视觉变量，在不同时间、地点、天气、季节情况下，其表达不同。具体来说，根据人眼对光的感受和敏感程度，色彩变量需要根据天气、季节、时间等来调整。例如，在晴朗的夏天且白天强光环境下，将地图的背景色设置为亮色，地图要素的表达则选择暗色系，达到最佳的视觉感受。根据长期生活环境的不同，人们对视觉变量类型的理解不尽相同，具体如表 3-2 所示。

3）地理事物因素

作为微地图要表示的对象，每一类地理事物（简称地物）都有独特的外在形态和特

表 3-2　不同环境因素对视觉变量的影响分析

环境因素	描述	变量类型
时间	时间不同，光对人眼的刺激不同	色彩
地点	表达的区域不同，常用视觉变量不同	位置、尺寸
天气	天气影响视觉变量的视觉感受和地物的状态	色彩、注记
季节	季节不同，地物的表现形式不同	形状、尺寸、注记、色彩

有含义，对微地图视觉变量表达有不同的影响，主要是包括以下几点。

（1）不同类别的地物用不同的色彩变量、形状变量来区分。

（2）色彩变量的设计来源于地理实物，即选用的色彩与实物尽量相近。例如，表示草地时尽量用绿色。

（3）用色彩表达微地图中的主次结构时，主要数据选用鲜艳的颜色表示，次要数据用浅色系列表示。

（4）根据地物的属性、功能等特点，通过注记变量来区别相同形状变量的符号表达。

总的来看，用不同的视觉变量可以表达不同功能的地理事物（表 3-3）。例如，单一的色彩变量可以表示同一类型的地理事物（交通类）；单一的形状变量可以表示另一类型的地理事物（娱乐类）。

表 3-3　地理事物对视觉变量的影响分析

地物类型	描述	变量类型
餐饮类 购物类 教育类 医疗类 娱乐类 交通类 ……	每一类地理事物的属性特征不同，其代表性符号不同，主要通过视觉变量来体现	形状、色彩、注记、尺寸

2. 微地图视觉变量应用的基本原理

1）微地图符号的设计

微地图视觉变量的主要应用就是设计微地图符号。专业地图的视觉变量是针对专业的地图制作人员，微地图视觉变量面向的用户不仅只有专业人员，还有非专业的公众。通过分析微地图视觉变量的影响因素可知，不同的影响因素针对的视觉变量类型不同，由此得到的微地图符号也就不同。运用视觉变量进行微地图符号设计时，可以按照影响因素的不同，采用下列模式进行微地图符号的设计。

（1）用户模式。用户模式是指影响用户选择的视觉变量类型，然后根据制图内容的需求进行组合表达的设计方式。微地图用户根据制图目的，按"少即是多"的原则去选择表达效果最佳的视觉变量类型，以用户个人习惯的方式来组合完成微地图符号设计。微地图不区分用图者和制图者，从而使微地图符号简单化和个性化的特点得以体现。

（2）环境模式。环境模式是指用户根据所处环境和用图需求，来增加视觉变量之间的对比性和反差性，以此突出表达微地图主题或主要信息的设计方式。该模式下主要改变色彩变量和尺寸变量的变化幅度。对于色彩变量，白天可以用亮色、暖色系色彩；黑夜可以用暗色、冷色系色彩。对于尺寸变量，增加它们之间的差异性，可以更好地突出主题，主要内容放大尺寸，辅助内容缩小尺寸。由此微地图"微内容"、微地图符号多元化的特点得以体现。

（3）地物模式。地物模式是指以表现地物为主，根据地物属性信息，选择使用最能表现地物特征的视觉变量类型之后进行叠加的设计方式。同类型的地物，用相同的形状变量表示（如教学楼用正方形表示，商场用长方形表示）。相同类型不同属性的地物，用不同的尺寸、注记或色彩叠加到相同的形状上，有利于用户对地物的识别。

微地图视觉变量的三种设计模式有别于专业视觉变量"标准化"的设计，其设计更符合微地图的要求。在生成微地图符号时，其不是单独存在的三种模式，而是相互作用、相互影响，共同来完成微地图符号的设计。在不同的环境下，微地图制作者可以根据自己的文化水平，考虑微地图使用者的用图需求，来对各个变量进行最优的设计表达，完成"小、快、灵"的微地图内容制作。

2）微地图的可视化

微地图用户在制作和使用地图时，除了受外界环境因素的影响外，自身的主观状态和地物的客观形式也不同程度地影响微地图的表达。例如，同一个用户在不同环境下，对同一幅地图上视觉变量（形状、色彩等）的视觉感受是不同的。当微地图用户有目的地阅读地图时，会更加关注特定符号；当微地图用户无目的地阅读地图时，则会被醒目的符号所吸引。因此，微地图进行可视化表达时，需要关注微地图视觉变量的应用。根据用户需求的不同，其制图目的就会不同，但遵循的基本原则和基本步骤大致相同，具体包括以下几个步骤。

A. 确定微地图制图表达的对象

首先，根据用户制图及用图需求，明确微地图要表达的主题内容，根据主题内容形成特定的制图表达对象。其次，按照微地图的分类对制图对象进行划分，从不同层次上进行可视化表达，完成对制图对象的设计。微地图制作者和使用者都可以有目的地使用地图，节省制图与读图时间，提高地图的使用效率。

B. 确定微地图整体图面设计

微地图整体图面的设计即在图面的整体配置设计中，充分、合理利用地图图面，完成微地图内容的显示。为了使主题内容能够快速、准确地传递给用图者，整体图面需具有明显的层次感，使主要内容和次要内容有反差。例如，主题内容的尺寸可以适当放大，次要要素则可以适当缩小；主要要素的色彩可以亮色系为主，次要信息则选择暗色系。微地图是以整体的形式出现的，需要保持整个图面的平衡性和协调性，使得微地图中各个要素配置更加合理，同时满足用户的用图需求和视觉感受。图面设计没有固定的标准，微地图制作者可以通过各种要素和变量的调整，得到相对满意的组合。

C. 确定各个视觉变量的表达

形状和色彩两种视觉变量对视觉感受的影响非常强烈。以此为重要依据，首先确定形状变量和色彩变量的表达，其次根据相应的地图设计理论来确定其他视觉变量的表达形式。形状变量需作为一个整体进行设计，反映出微地图表达对象的分类和微地图主、次要信息的层次性；同时，需考虑微地图符号简单化、模块化的特点，通过简洁形象的形状完成形状变量的设计。色彩变量不仅能够提高微地图的传输效果，还能提高微地图的艺术性。色彩变量的表达要与微地图的主题内容和用途相一致，体现微地图符号个性化的特点。其他视觉变量的设计，以突出主题内容、简单化、层次清晰为原则，辅助形状变量和色彩变量共同完成微地图的可视化。

3. 微地图视觉变量的应用实例

1）校园导航微地图

校园导航微地图以入学新生的报到流程为微地图的制图目的，利用校园内的标志性地物为地图表达对象，运用微地图视觉变量来完成校园导航微地图的制作，该过程包括两部分。

A. 符号设计

校园导航微地图以形状、注记、色彩变量为突破口来完成主要的微地图内容表达；根据用户属性和用户需求，采用用户模式进行相关符号的设计。

该地图的用户为入学新生，需求为完成新生注册报到流程。根据此要求，导航微地图需要以校园内标志性的地物为路标，帮助新生完成报到流程。在熟悉校园环境的前提下，选择校园内比较醒目的路标，进行相应的符号设计。例如，制图者可以选择形状、色彩、注记变量来完成操场、钟楼、财务处的符号设计，如图 3-10 所示。

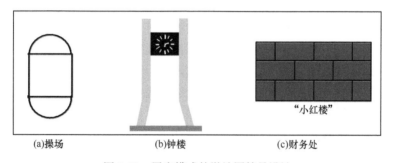

(a)操场   (b)钟楼   (c)财务处

图 3-10 用户模式的微地图符号设计

根据微地图符号环境模式的设计原理，分析在白天自然光照充足的环境模式下色彩视觉变量的表达：路线、目的地等主题信息用亮色系、大尺寸来设计，如图 3-11（a）道路符号的设计。路标等辅助信息用浅色系、小尺寸来表达。例如，宿舍楼可以用夜晚模式和白天模式来设计表示。在校园导航微地图中，宿舍楼和道路均为主要要素，色彩变量的选择应使用更容易引起用户关注的色彩，减少用户寻找关键信息的时间。

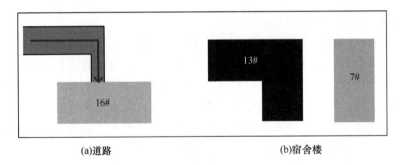

(a)道路　　　　　　　　　　　　　　(b)宿舍楼

图 3-11　环境模式的微地图符号设计

地物模式最能体现微地图平民化、符号模块化的特点。结合制图目的，选择相同的色彩表示同一功能的地物，通过尺寸变量的夸大，来突出主要要素的显示。例如，图 3-12（b）、图 3-12（c）用相同的形状且不同的注记来设计表达同类型的地物（功能：目的地；地物：迎新点、体育馆）；图 3-12（a）用不同形状、色彩来设计表达不同类型的地物（功能：路标；地物：图书馆）。

(a)图书馆　　　　　　　　　(b)迎新点　　　　　　　　　(c)体育馆

图 3-12　地物模式的微地图符号设计

B. 微地图可视化

首先，以入学新生作为微地图的用户，分析他们需要校园内哪些地理要素作为指引，采用用户模式，选择形状、色彩、注记变量来进行符号设计。其次，分析在白天自然光照充足的环境模式下色彩变量的表达：路线、目的地等主要信息用亮色系、大尺寸来表达；路标等辅助信息用浅色系、小尺寸来表达。最后，根据地物模式对所有符号进行模块化的设计。以相同的方式，对制图表达对象按一级要素、二级要素、次要要素的分类进行色彩、形状变量的设计表达，以此步骤设计一张可以满足他们报到需求的微地图，最后得到以新生入学报到流程为例的校园导航微地图，如图 3-13（a）所示。

2）旅游微地图

西安被誉为世界四大文明古都之一。深厚的文化资源和丰富的历史文化遗产，使西安成为中国乃至世界闻名的历史文化名城。根据用户需求的分类，微地图可以是用户用来记录其经历的一种表达形式。旅游者经过一次旅游，用地图的方式去记录这次旅游的路线、心情、方式、景点等信息，既可以完成对行程的记录，又可以为其他用户提供旅游参考。同样，"记录类"旅游微地图的设计包括两个部分。

A. 符号设计

以旅游者三天内的旅游路线为制图思路，应用微地图视觉变量制作西安市中心区的

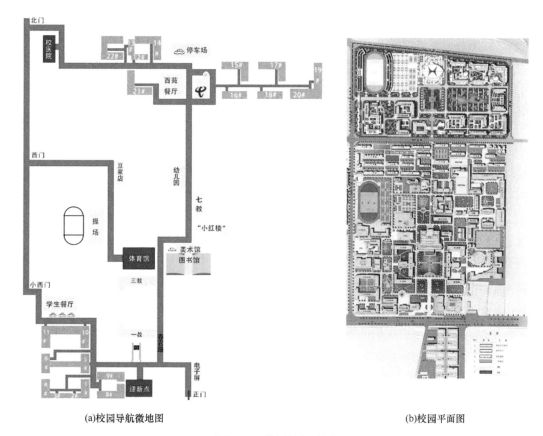

(a)校园导航微地图　　　　　　　　　　　　　　(b)校园平面图

图 3-13　校园导航地图

旅游地图。制图表达对象的主要要素包含钟楼、鼓楼、大雁塔、回民街、永兴坊、大唐不夜城、大唐芙蓉园、城墙等；制图表达对象的次要要素包括城市道路、旅游线路、旅游方式等。以微地图符号设计的原理为设计依据，通过三种模式完成对制图表达对象的表达。

钟楼、鼓楼、大雁塔属于历史文化地标，采用地物模式对其进行设计，通过色彩变量来展示三种地物的历史厚重感，体现西安城市的独特色彩体系；通过形状变量来区别三种地物之间的差异，以此体现旅游景点的外形特征。地物模式的符号设计如图 3-14 所示。

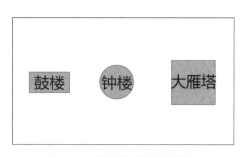

图 3-14　地物模式的符号设计

回民街、永兴坊的符号通过环境模式对其进行设计。两者的共同点在于美食类、条带状，见图 3-15，选择粉色等暖色系表现食物的美味感；选择长方形来表现该景区的主要空间分布格局。相同的形状变量表示可以给其他的微地图用户提供一个系统的、整体的旅游区概况。另外，回民街和永兴坊在白天和夜晚的区别较大，应用环境模式来表达，可以更好地记录这两者的功能属性，又可以同其他旅游景点形成较明显的对比。

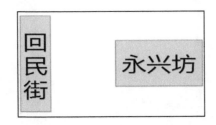

图 3-15　环境模式的符号设计

西安市的旅游文化还包括生态文化，表现为城市绿廊等生态文化廊道，代表性的景点为大唐不夜城和大唐芙蓉园。微地图用户选择形状、色彩、尺寸、注记变量，以主观感受为基础，根据旅游经历的客观认识完成对这两个景点的符号设计，如图 3-16 所示。

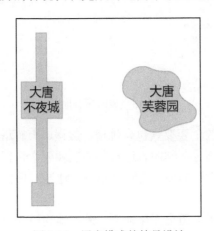

图 3-16　用户模式的符号设计

B. 微地图可视化

该旅游微地图的表达对象，除微地图符号设计完成的主要制图对象之外，还包括城市道路、旅游线路、旅游方式等次要制图对象。次要制图对象选用浅色系、小尺寸来进行表示；历史文化地标和美食等内容作为该地图的主要表达内容，采用色彩更饱和、尺寸更大的视觉变量进行表示。色彩选用同西安市历史文化特色相近的颜色，以此来表现西安历史文化的厚重感，展现西安市特有的文化特色和区域特点。位置变量用来控制整个图面的设计，同时直接表达各个旅游景点的相对位置关系。由此制作完成的西安市旅游微地图如图 3-17 所示。

该微地图不仅可以从宏观尺度上为其他游客提供必要的旅游资源位置信息，还可以从微观尺度上给其他游客提供三天的旅游线路作为参考，满足游客最基本的旅游需求。

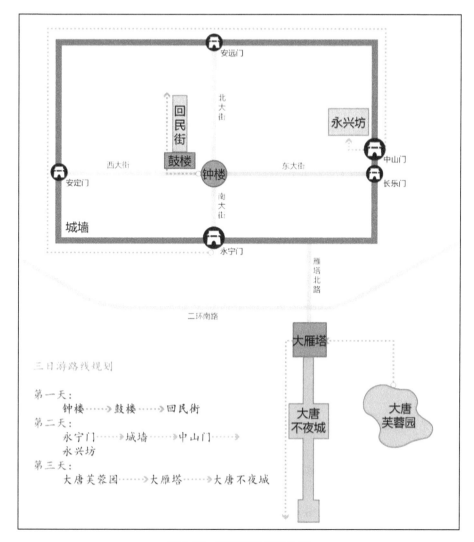

图 3-17　西安市旅游微地图

4. 基于微地图视觉变量的符号设计的效果评价

1）评价方法

基于微地图视觉变量的微地图可视化设计与设计者自身属性、客观环境的认识有很大关系。为了验证微地图视觉变量表达和应用的科学性，以及是否能够科学、准确地表达微地图内容，是否能被"草根"用户所理解并参与微地图制作，是否能快速、有效传输用户所需求的"微内容"，对此以问卷调查的形式进行综合性评价验证。

由于旅游地图是"记录类"微地图，其制图目的在于微地图用户记录旅游路线以便给其他游客（如制图者的朋友等）提供帮助。该实例用来说明微地图视觉变量可以满足微地图制作的制图需求，其传播方式为"由点到点"的互播方式。"记录类"微地图对除该微地图制作者之外的微地图用户影响不大。因此，这里对旅游微地图不做评价实验，只用来检验提出的微地图视觉变量在符号和微地图两方面可进行应用。

微地图是面向大众的地图，为了最大限度地保证调查数据的真实性和有效性，实验以设计完成的校园导航微地图为验证对象，以随机选取的200名入学新生为被试者。

该实验的问题包括两个部分。第一部分是用户基本信息的收集，包括用户年龄、学院信息、住宿信息等。第二部分是微地图效果评价，包括微地图符号和微地图的辨识度、满意度。最后给每个被试者分发校园导航微地图，在进行报到流程演示后进行问卷调查。

该实验的目的在于验证和评价以下四个方面，设计的问卷包括10个题目。

（1）相比于传统的视觉变量表达方式，本书提出的微地图视觉变量是否有更好的表达效果？

问题1：当你走到标注"小红楼"的位置时，图中的标记是否给你很直观的视觉感受？

问题2：你喜欢这幅地图中每个标志性建筑的形状设计吗？

问题3：你喜欢这幅地图中的色彩搭配设计吗？

问题4：你可以判断出图中所示位置是停车场吗？

问题5：你在经过钟楼时，能否辨识出图中的钟楼？

问题6：这幅地图与学校提供的校园平面图相比，你认为哪个更直观、好用？

（2）制作的微地图是否能够准确地传递真实的地理空间信息，用户是否从该微地图中正确理解微地图制作者想要表达的内容？

问题7：该地图中黄色部分的标注能否满足你判断如何行走的要求？

问题8：根据该地图，你能否顺利完成"正门、迎新点、宿舍、校医院、体育馆"的报到流程？

（3）你是否愿意作为制作者，通过本书提出的微地图视觉变量的表达方式去设计或修改微地图？

问题9：如果你发现图中有信息存在错误，你愿意在图中做出修改吗？

（4）你是否愿意主动分享该校园导航微地图给他人？

问题10：你愿意把这幅地图分享给其他新入学报到的同学吗？

2）评价结果

根据入学通知的报到流程，有96%的新生使用该校园导航微地图完成了报到。同时，针对微地图视觉变量和微地图符号对他们进行了进一步的问卷调查，详细的统计结果如表3-4所示。

表3-4　调查者对视觉变量综合性评价统计表　　　　　　　　　　（单位：%）

变量类型	地物（符号）	辨识度	满意度
形状	钟楼	98	93
	停车场	90	
	图书馆	98	
注记	"小红楼"	76	87
	迎新点	98	
色彩	图书馆	99	92
	路标	73	

续表

变量类型	地物（符号）	辨识度	满意度
尺寸	操场	100	97
	道路		
位置	迎新点	96	96
	体育馆		
	校医院		
	宿舍		
	综合	92	93

3）评价结果分析

依据评价结果可知，调查对象对视觉变量的整体辨识度为 92%，满意度为 93%。92% 的用户表示愿意用这样的方式去制作地图，88% 的用户愿意将这样的地图分享给有相同需求的用户。与专业地图相比，71% 的调查者喜欢使用微地图，他们普遍认为微地图相对比较直观、简洁，省略了无关信息的表达，减少了干扰信息，让他们能够在短时间内获取有用信息。

以上实验数据表明，依照本书所提出的视觉变量以及微地图符号的设计方法得到的微地图能够更直观、清晰地表达用户所需信息，其表达效果优于专业的校园平面地图，能够让用户快速获取有用信息，满足用户的"微需求"。同时，用户也愿意以这样的表达方式进行地图修改与制作。具体可以得出以下结论。

（1）微地图视觉变量的表达方式更简单直观。微地图只提供与当时当次的用户需求高度相关的信息，并且以用户需要的信息为主要素，进行视觉变量的增强处理，主要信息和辅助信息之间的强烈对比减少了用户的阅读时间，给读图者更直观的视觉感受，使其在更短的时间内获取所需信息。

（2）应用微地图视觉变量表达的微地图可以准确传达真实地理信息。毫无疑问，微地图的表达不能脱离地图表达的原则，不能改变真实环境下的地理空间信息，而是需要忽略真实空间中的干扰信息和无用信息，通过有用信息来完成微地图的制作。

（3）微地图视觉变量的表达方式更吸引大众用户参与地图制作。微地图视觉变量的表达不做标准的严格要求，不区分符号类型，不需要按照统一的比例尺，可以根据微地图制作者的客观认识和主观意识去表达对应的地物信息。微地图视觉变量的表达给大众提供了更大、更广泛的制图自由和制图空间。

（4）微地图视觉变量的表达方式更有利于微地图的传播。微地图的传播方式包括点到点、点到面的互播。微地图表达的内容对微地图用户的帮助越大，用户则越愿意分享；微地图视觉变量的表达越多元化、个性化，其应用领域则越广泛，从而有利于微地图的普及与传播。

3.3　微地图符号智能化生成及应用

在自媒体时代，地图的载体逐渐由实物转变为电子媒介，制图周期大大缩短，地图也不再囿于传统的制作与传播方式，即地图的制作和应用门槛大幅度降低，制图人员由单纯的制图者逐步过渡至制图者与用图者的"合体"，且主要的传播方式由广播式传播转换至点对点互播。鉴于此，致力于提高用户制图参与度的新型地图——微地图应运而生。微地图是一种面向平民大众的"草根"地图，其对精度等制作要求不高，制图者无须经过严格的专业培训，地图用户能够随时参与地图制作，在个人电子设备（如电脑、手机）上方便、快捷地交互传播和应用。

微地图的出现使用户不仅成为地图使用者，还成为地图制作者，从而使由地图制作者的主观因素造成的地图信息偏差问题迎刃而解。微地图对相应的地图制作提出了新的要求：①简化地图制图流程，满足用户在自媒体时代下简易高效的制图需求。②兼容微地图的用户大众并提供"自助"式的服务，保证及时、准确地提供用户期望得到的地图信息。③赋予用图者简便的制图能力，为用户提供个性化服务，使用图者由被动角色转变为与制图者共创地图并提供补充信息的主动角色。

符号作为地图的语言和成图不可或缺的基本元素，需要根据地图的创新与用户需求的变化而与时俱进。在这样的背景下，符号生成变成微地图制作中至关重要的一环。如何在符号生成环节满足微地图用户人人都能制图的同时，将信息的筛选权与内容的表达权交给用户，生成符合用户期望的地图符号，是一个亟待解决的问题。

深度学习技术在图像等众多领域取得了重大突破，与地图制作的结合是地图学智能化发展的有效途径，为解决上述问题提供了契机。因此，本书借助深度学习的技术思想，基于迁移学习、显著性目标检测、VGG16 模型和 BASNet 模型等技术支持，提供一条目标地物至地图符号智能转化的可行途径，以期提高用户的制图参与度、降低制图门槛，满足微地图用户在自媒体时代下人人都能制图的要求。

3.3.1 微地图符号智能化的理论基础

1. 微地图符号智能化的必然性

在保证准确传递地理信息的同时，自媒体时代的微地图符号还需要满足以下要求。

（1）制作快速简便；

（2）用户参与符号制作和应用过程；

（3）符号可以个性化。

图 3-18 是从兰州交通大学—嘉峪关—敦煌旅游路线的微地图，上面的地图符号由地图符号库中的符号选取而得，该过程由用户自主制图完成。在制作方面，该微地图制作方式简单、快速，可以反映用户的个性（即智能）。所以，智能化（加上自动化）是自媒体时代信息传播对微地图制作的必然要求。

2. 微地图符号智能化生成的相关理论

图像分类、迁移学习和显著性目标检测等深度学习技术可以被应用于符号生成过程，下面分别对其进行介绍。

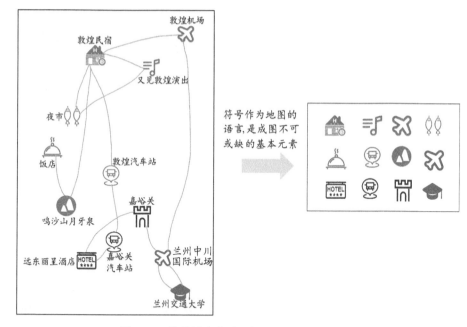

图 3-18　从符号库中选取符号自动形成微地图

1）图像分类

图像分类是计算机视觉中最为基础的任务之一。其利用计算机对图像进行定量分析，把图像或图像中的每个像元或区域划归为若干个类别中的某一种，以代替人的视觉判读。黄凯奇等（2014）提出关于物体分类与检测难点的三个层次，可将其筛选总结为有关本书图像分类的两个难点。

（1）表观特征的变化。图像收集过程中，由于物体的比例、光照条件视点的不同、物体自身的形变以及其他物体的部分遮挡，给图像分类算法带来了极大的困难。

（2）类内外差异性。一方面为类内差异，指同一类图像之间的差异。如图 3-19（a）所示，同样是桌子，不同类型的桌子截然不同。从语义上来讲，具有"放东西，做事情"功能的器具都可以称为桌子。另一方面为类间相似性，指不同类别之间具有一定的相似

(a)不同类型的桌子

(b) 狗和狼

图 3-19　图像分类难点的实例

性。如图 3-19（b）所示，左边是捷克狼犬，右边是欧亚狼，实际生活中我们很难从外观区分它们。

近年来，随着计算机科学的发展，关于图像分类与识别的深度学习技术不断成熟，为地图符号的智能化识别匹配创造了有利条件。

2）迁移学习

卷积神经网络（convolutional neural networks，CNN）（Lecun et al.，1990）是有着大量参数的高容量分类器，所以必须从大量的训练样本中进行学习。虽然 CNN 已经被认为在视觉任务中的识别效果超过了特征识别，但其性能受到数据集规模的限制。在深度学习领域中，其最常见的障碍在于需要很多的样本去训练大量的参数，需要海量数据作为支撑（Donahue et al.，2014）。2014 年，Oquab 等（2014）提出了可以在大型数据集（如 ImageNet）上进行预训练，然后将训练好的网络权重迁移到小型数据集的方法。迁移学习作为深度学习的一部分，将训练完成的模型参数迁移到新模型中，用以帮助新模型训练数据集，旨在解决目标域标记样本量少、过拟合等问题[①]（Pratt et al.，1993；Pratt and Thrun，1997；Niculescu-Mizil，2007）。因此，这里选用迁移学习的技术方法进行探索，其原理如图 3-20 所示。

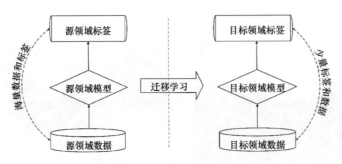

图 3-20　迁移学习原理图

① Do C B, Ng A Y. 2006. Transfer learning for text classification. Proceeding of Advances in Neural Information Processing Systems: 1-8.

3）显著性目标检测

显著性目标检测是一个非常重要的计算机视觉问题，涉及众多的研究领域和应用场景，其目的是从一幅图像中提取出最具显著性的目标。这个过程需要将图像分割成前景和背景两个部分，并确定前景中的显著性区域（黎万义等，2014）。显著性目标检测方法主要可以分为基于传统图像特征的方法和基于深度学习的方法两类。基于传统图像特征的方法主要是利用图像的低级视觉特征（如颜色、纹理、边缘等）来提取显著性目标，这类方法的特点是计算量较小，但提取的特征具有较强的主观性，且容易受到噪声、光照等因素的影响。基于深度学习的方法则是通过使用 CNN（黄莉芝，2018）等深度学习模型来自动提取图像中的特征，并利用这些特征进行显著性目标检测，这类方法的优点是可以自动学习图像中的特征，且具有较好的鲁棒性和准确性，但计算量较大，需要大量的数据来训练模型。

随着深度学习技术在显著性目标检测方面的应用不断深化，以及深度学习模型在提取特征以及特征表达方面所展现出的优异表现，越来越多的学者提出了高效的算法和神经网络以进行检测（温奇等，2013；Pan et al.，2020；Li et al.，2021；Qiu et al.，2021）。例如，循环卷积神经网络（RCNN）（Girshick et al.，2014；Ren et al.，2015；He et al.，2017；Lin et al.，2017）相比于传统的显著性目标检测算法 VGG16 的效率提高了 50%以上，但是由于 RCNN 需要使用 selective search 算法以及多重卷积网络来计算，存在计算速度较慢、内存占用较大等缺点。OverFeat 模型（Sermanet et al.，2013）是最早的显著性目标检测深度学习模型，其特点在于利用 CNN 模型进行特征提取，但是 OverFeat 模型存在图像模糊以及内存占用过大等问题。空间金字塔池化网络（SPP-Net）模型（He et al.，2015）的优点是在传统神经网络模型的结构中加入了一层新的空间金字塔池化（SPP）层，使该模型可以做到在整幅图片中进行特征提取的同时避免候选区域的归一化，但是该模型也同样存在着内存占用过大的问题。随着时间的不断推移，这些模型的实时性在不断改进，其中具有代表意义的是 YOLO 模型（Bochkovskiy et al.，2020）、SSD 模型（Liu et al.，2016；王俊强等，2019）。

3.3.2 微地图符号的自助式智能化匹配

1. 识图配符的设计思路

识图配符是生成地图符号的第一种方法，其借助于识别出的地物图片（如医院）和前期已经生成的地图符号库中的同类符号进行匹配，完成智能化地图的制作。识图配符需要以下三步：①用户输入图片，并识别；②按照图像分类原理自动分类，获得正确类别；③根据类别标签匹配到与之相应的地图符号。

识图配符的"刚好够用"原则：在符号生成环节，根据用户需要的地物要素（输入的目标地物图片）为其匹配到相应的地图符号。这里，符号的选择权属于用户。给用户提供自助式的服务，用户能够随时参与地图制作。

识图配符的"有用"原则：用户基于不同的条件（如生活环境、人生阅历、文化背景、地域差别等）对同一事物的表达可以选择不同符号。

　　识图配符的"满意"原则：用户可以在符号库中选择符合个人认知的符号。由于符号的选择权（如种类、符合个人认知的图案、色彩等）交予了用户，则用户对个人制图的满意程度不言而喻。

　　基于上述 3 个原则，这里提出了"识图配符"的方法：识图配符旨在"配符"，即图片到符号的转化，其设计思路如图 3-21 所示。

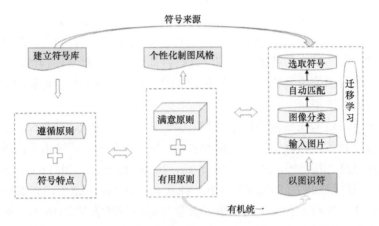

图 3-21　识图配符的设计思路

2. 微型地图符号库的预建立

　　地图常用的二维符号主要分为三类：点状符号、线状符号和面状符号，这里提出的"识图配符"方法主要面向点状符号。根据地图符号的特点与设计原则构建一个微型地图符号库，为"识图配符"方法提供基础。如图 3-22 所示，图中第二列为目标地物相应的专属符号；第三列为根据大众用户在日常生活中对目标地物的直观信息而制作的地图符号。例如，卫生间符号可表述为图中的专属符号，不同人群之间存在个性差异，对卫生间这一地物的认知会有所不同：女士卫生间可表示为高跟鞋或裙子的剪影，男士卫生间可表示为皮鞋或领带的剪影。

地物	专属符号	专属符号对应的趣味符号	其他地物趣味符号
医院			
快餐店			
银行			
超市			
学校			
卫生间			

图 3-22　微型地图符号库预建立示意图

3. 算法实现

模型训练与测试均基于 TensorFlow 2.4.1 深度学习框架，在配置为 Windows 10、处理器为 NVIDIA GeForce GTX 1080 Ti、内存为 8GB、运行环境为 Anaconda 3 的 Spyder 上执行。在训练过程中，模型学习率为 0.001，训练批次为 150 次，批尺寸（batch size）为 32，随机失活（dropout）为 0.5。在此基础上，识图配符算法实现分为 3 个步骤：数据集构建与预处理、算法实现、精度评价。

1）数据集构建与预处理

将实际拍摄的地物图片作为实验所需的数据集。考虑到图片的有限性以及局部有效性，制作常见的 5 类地理要素的小型数据集，每类 200 张图片，共 1000 张。数据集分为训练集、验证集和测试集。训练集用来评估模型，验证集用来调整模型参数以选择最优模型，而测试集用来检验最终模型的性能如何。每一类数据集按照训练集和测试集 8：2 的常规比例进行划分，即训练集：测试集=160：40，使用训练集中的 20%（每类 32 张图片）作为验证集。部分数据集如图 3-23 所示。

图 3-23　数据集示例图像（王卓　摄）

模型训练之前，需要对数据进行预处理，原因包括：①随着神经网络的加深，需要学习的参数也会随之增加，且自制数据集规模较小，参数会拟合数据的所有特点，更容易导致过拟合现象；②神经网络虽然可以高度拟合训练集数据的分布情况，但是对测试集数据来说准确率很低，缺乏泛化能力。因此，为避免最终模型过拟合或欠拟合，需通过数据增强操作增加图像的多样性，扩充数据集：①图像尺寸统一修改为 224 像素×224 像素，随后进行归一化、随机旋转、裁剪、缩放、水平和竖直翻转等数据增强操作；②对数据集做置乱（shuffle）操作，该操作可以打乱数据之间的顺序，增加数据的随机性，避免数据规律化，提高网络的泛化能力，避免权重更新的梯度过于极端。

2）算法实现

这里选取了 keras 中的四种 CNN 模型：VGG16（Simonyan and Zisserman，2014）、VGG19（Simonyan and Zisserman，2014）、Xception（Chollet，2017）和 ResNet50（He et al.，2016），充分利用 VGG16、VGG19、Xception 和 ResNet50 预训练模型在 ImageNet 数据集[①]上学习到的大量知识，将其用于自制数据集的图像分类识别问题。

使用上述四种 CNN 模型作为基础模型进行特征提取，根据提取到的特征建立全连接网络，使其适用于自制数据集的图像分类。不同 CNN 模型在训练数据集的识别精度如表 3-5 所示。结果表明，与其他 3 种模型相比，VGG16 微调模型在该数据集上具有较好的分类性能，因此，选取 VGG16 微调模型作为最终分类模型进行结果分析与精度评价。

表 3-5　不同 CNN 模型对数据集的识别精度　　　　　　　　（单位：%）

分类模型	模型识别精度
VGG16	82
VGG19	74
Xception	75
ResNet50	43

这里提出的识图配符方法，经过表 3-5 中的精度对比后，选取 VGG16 微调模式进行模型参数迁移。应用微调后的 VGG16 迁移学习模型如图 3-24 所示。微调过程包括以下 5 个步骤。

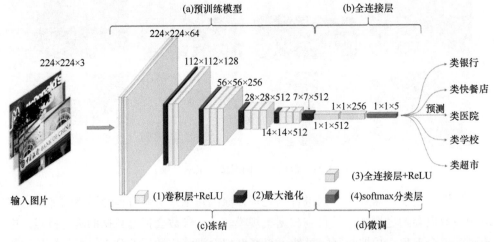

图 3-24　VGG16 微调模型

224×224×3 是指图片尺寸为 224×224 的彩色图像，通道为 3，经 128 个 3×3 的卷积核，两次卷积，ReLU 激活，尺寸变为 112×112×128；经 256 个 3×3 的卷积核，三次卷积，ReLU 激活，尺寸变为 56×56×256。其余同理

（1）导入 VGG16 基础模型并去除全连接层，利用在 ImageNet 数据集上训练完成的

---

① Deng J, Dong W, Socher R, et al. 2009. Imagenet: A large-scale hierarchical image database. Proceedings of the IEEE Conference on Computer Vision and Pattern Recognition: 248-255.

模型权重进行模型初始化，然后获取训练集和验证集中图像的尺寸特征。

（2）根据获取到的每张图像的尺寸特征，定义提取特征信息的函数，并获得特征和对应的标签信息。

（3）调用训练集和验证集得到特征信息，为全连接神经网络模型的构建做准备。

（4）建立全连接神经网络预测模型，添加模型的全连接层与 softmax 分类器。

（5）用修改后的 VGG16 微调模型对测试集进行分类预测，并查看模型的识别精度。

3）精度评价

VGG16 微调模型在训练集和验证集上的分类准确率（accuracy）及损失值（loss）随训练批次的变化如图 3-25 所示。从图 3-25 中可以看出，微调后的 VGG16 模型在训练初始阶段的分类准确率较低，损失值较高。两者在迭代 30 次后都有高增长，随着训练批次的增长都趋于稳定。从图 3-25（a）可以看到，训练集在迭代 120 次后准确率逐步上升达到 100%，而验证集在迭代 60 次时准确率快速上升且逐步趋于稳定，最终达到 67%。从图 3-25（b）可以看到，训练集在迭代 140 次后损失值逐步降低达到 0，而验证集在迭代 40 次后损失值逐步稳定降低达到 0.80。总体而言，微调后的 VGG16 模型的收敛速度较快，训练过程稳定，训练期间的损失值很低，分类准确率升高趋于稳定。经过迭代训练，模型最终得到了收敛。这说明通过对经典模型 VGG16 进行微调后，可在自制数据集的分类中取得良好的性能。因此，微调后的 VGG16 模型对于这里提出的识图配符方法是可行的、有效的。

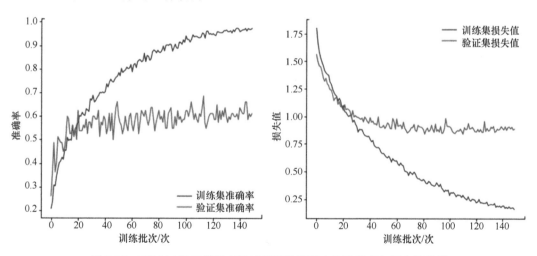

图 3-25　VGG16 微调模型在训练集和验证集上的准确率与损失值曲线

为进一步分析模型的性能和分类精度，此处使用混淆矩阵、分类精度报告等对模型的性能进行了评价。

（1）混淆矩阵用来可视化类别之间误分类的情况。图 3-26 是微调的 VGG16 模型在训练集与测试集 8：2 的情况下银行、快餐店、医院、超市以及学校的图像分类结果的混淆矩阵。由图 3-26 可知，对角线的数字代表数据集中 5 类图像真实值与预测值重合的数量。银行类中分别有 1 张图像预测错误分类到超市类和医院类；快餐店类中 7 张图像预测错误分类到超市类；医院类中有 4 张图像预测错误分类到学校类，2 张图像错误分类到银行类；超市类中有 1 张图像预测错误分类到医院类，2 张图像错误分类到快餐店类，12 张图像错误分类到银行类；学校类中分别有 1 张图像预测错误分类到银行、快餐店、超市类，3 张图像错误分类到医院类。因此，在 5 类地物中，银行类图像信息单一，分类准确率最高；超市类图像信息较为复杂，分类准确率最低；其他 3 类地物的分类准确率相近。

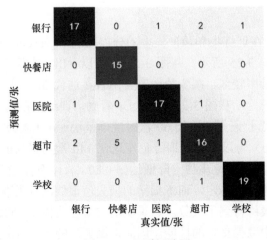

图 3-26　混淆矩阵图

（2）实验分类精度如表 3-6 所示，表中的评价指标有：精确率（precision）、召回率（recall）和 F1 分数（F1-score）。准确率是指在分类中使用测试集对模型进行分类时，分类正确的个数占总个数的比例。与准确率相对应的有精确率和召回率。精确率可以反映一个类别的预测正确程度，而召回率反映模型给出的预测结果最多能覆盖多少真实的目标。多分类任务中将每个类别单独视为"正"，所有其他类型视为"负"。其中，精确率又被称为查准率，是被分为正例的样本中实际为正例的比例。召回率又被称为查全率，是预测为正例的样本中正确的数量除以真正的正例的数量。精确率的计算公式如式（3-1），召回率的计算公式如式（3-2）：

$$\text{precision} = \frac{\text{TP}}{\text{TP} + \text{FP}} \tag{3-1}$$

$$\text{recall} = \frac{\text{TP}}{\text{TP} + \text{FN}} \tag{3-2}$$

式中，TP（true positives）指真正，是实际为正例且被分类器划分为正例的样本数；FP（false positives）指假正，是实际为负例但被分类器划分为正例的样本数；FN（false negatives）指假负，是实际为正例但被分类器划分为负例的样本数。F1 分数是统计学中分类问题的衡量指标，是精确率和召回率的调和平均数，最大为 1，最小为 0，其计算公式如式（3-3）：

$$\text{F1-score} = 2 \times \frac{\text{precision} \times \text{recall}}{\text{precision} + \text{recall}} \tag{3-3}$$

由表 3-6 可知，银行类的 F1 分数为 0.82；快餐店与学校类的 F1 分数为 0.87；医院类的 F1 分数为 0.86；超市类的 F1 分数最低，为 0.68，影响了整体的分类精度。由于微调后的 VGG16 模型在自制数据集上的最终识别精度较高（为 0.82），因此可以将该模型应用于本章提出的识图配符方法。

表 3-6　实验分类精度

类别	精确率	召回率	F1 分数
银行	0.72	0.95	0.82
快餐店	0.92	0.82	0.87
医院	0.87	0.85	0.86
超市	0.74	0.62	0.68
学校	0.89	0.85	0.87
宏平均值	0.83	0.82	0.82
加权平均值	0.83	0.82	0.82
模型最终识别精度：0.82			

4. 实例场景应用

兰州交通大学自行研制的微地图平台应用图像分类方法，将"识图配符"方法的原理实例化，并模拟了实际场景，以证明提出的方法与原理的实际可用性。

图 3-27 为"识图配符"原理的实例图，图中的符号库是在微型地图符号库的基础上选取建立的。以微地图为背景平台，模拟了图 3-28 所示的"识图配符"场景模型，测试路线为兰州交通大学至其附近一家肯德基的简约路径。在整个符号生成环节中，用户输入需要的目标地物图片，就可得到满足个人需求与符合个人认知的符号，提高了用户面向符号的制图参与度，降低了微地图的制图门槛，满足了微地图用户人人都能制图的要求，能供用户快速绘制出属于自己的地图。

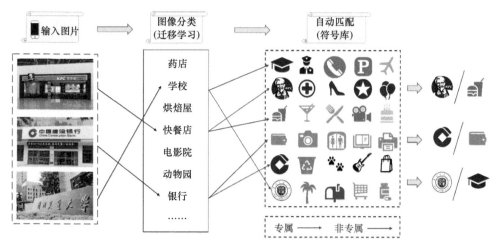

图 3-27　"识图配符"原理的实例图

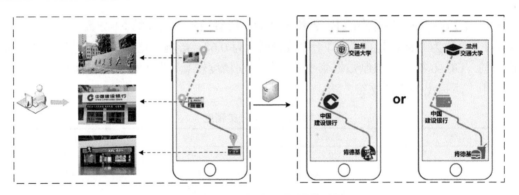

图 3-28 "识图配符"场景模型图

3.3.3 微地图符号的客制式智能化生成

1. 客制式符号的设计思路

客制式符号（苏珂等，2011）借鉴用户故事地图的思想引导用户表达对于目标符号的需求，根据自己的认知决定目标地物的意义，在合理的范围内决定目标地物的主体形象，为目标用户量身定做，制作满足用户需求的符号。

客制式符号生成包括以下步骤：首先，利用用户故事地图的思想收集用户的个人需求，创建用户的符号故事；其次，用户输入图片，将其进行识别，利用显著性目标检测的方法进行兴趣区域的提取，将提取出的兴趣区域作为核心图案；最后，根据创建的符号故事作为辅助信息，选择偏好的视觉变量制作属于用户自己的地图符号。该方法是一种主动引导式设计，主要工作过程包括用户信息收集、用户偏好确定、兴趣区域提取及客制式符号生成（图 3-29）。

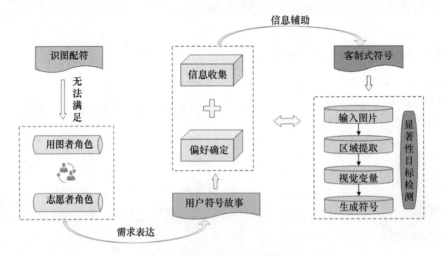

图 3-29 客制式符号的设计思路

李志林等（2022）提出从马斯洛人生需求层次理论展望地图，将"我的地图我做主"的个性化需求类比马斯洛人生需求最高层次中的"自我实现"，其生成质量的好坏取决于"我是否喜欢"和"我是否能用"。此思想与微地图符号制图要求的"微而专"特点不谋而合：微地图用户能够随时参与地图制作，地图可以如微信一样方便、快捷地交互传播和应用，在小范围内传播；在小范围内传播时，生成的符号可以在传播特定内容的基础上提高取悦自我的程度，无须兼具传统地图符号的普适性。所以，客制式生成的符号在特定实际场景下，面向特定用户用于交互寻路时具有有效性、效率和满意度。

2. 用户的符号故事

用户故事地图（马秀颖，2021）是一种以用户需求为中心的收集和组织方法，旨在通过对用户的需求、期望和体验进行深入观察和分析，帮助设计团队更好地理解用户的需求，并设计更加贴合用户需求的产品和服务。在实践中，用户故事地图不仅是一个有力的需求收集和分析工具，还是一个吸引用户参与设计所需产品的便捷手段，可以有效地增加用户对于设计过程和产品的投入以及满意度。微地图作为一种有着强烈"以人为本"色彩的新型地图形式，致力于为用图者赋予自由选择符合其偏好的权益和能力，满足千差万别的用户需求，从而最大限度地完成对用户兴趣点的覆盖。微地图在自媒体时代下需要满足的新需求与用户故事地图这种用户能够随时参与、以用户需求为首位的理念相契合。

因此，面向符号生成环节的地图制作过程中，借鉴用户故事地图的思想，找到周围环境与目标符号之间的联系，引导用户表达对目标符号的需求，从而创建属于用户自己的符号故事：通过让用户根据自己的意愿、认知和自身经验修改选择关于符号的属性，提供一条客制式符号的方法——首先用户锁定目标地物，在头脑中完成关于目标地物转换为地图符号的大致需求；其次将需求拆分到更细的一个粒度，完成关于符号基础、符号属性等的修改选择；最后整合符号的骨架，添加关于符号的需求细节，创建属于用户个人的符号故事（图 3-30）。这满足了不同用户的需求，提高了用户面向符号的制图参与度和满意度，促进了用户与地图之间的互动和交流。

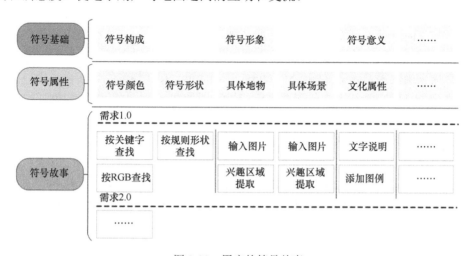

图 3-30　用户的符号故事

3. 算法实现

客制式符号整个的技术流程具体如图 3-31 所示。

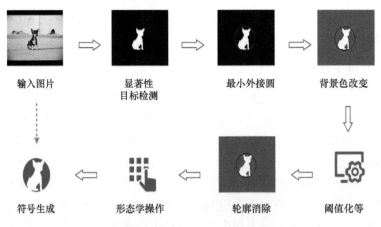

图 3-31　客制式符号技术流程图

（1）输入目标图片，利用训练好的 BASNet 模型对图片进行显著性目标检测：首先对图像进行必要的预处理操作，如缩放、标准化等；其次使用 PyTorch 框架加载训练好的 BASNet 模型，加载 basnet.pth 文件（basnet.pth 是使用 PyTorch 框架训练好的模型参数，是在包含 10553 张图像的大规模显著性目标检测数据集 DUTS 上训练得到的 BASNet 模型的权重文件，可以用于 BASNet 模型的加载和推理过程），并将其作为模型的参数输入模型中，从而对待检测图像进行显著性目标检测，将得到的检测结果图像可视化输出（图 3-32）。

BASNet 模型由 Qin 等（2019）提出，在此之前，学者们将绝大多数研究都集中在区域精度的提升而非边界质量的加强。传统的显著性目标检测算法通常使用二分类损失函数，将显著性目标和背景区分开来。但是，在实际的图像中，显著性目标通常具有多个连通区域，而背景也可能包含多个连通区域，这使得单一的二分类损失函数难以完全区分显著性目标和背景。为了解决这个问题，BASNet 模型使用了一种新的混合损失函数：混合损失函数将二元交叉熵、Structural SIMilarity、IoU 损失结合起来，指导网络以三层级（像素–区块–特征图）的形式去学习输入图像和 ground truth 之间的变换。这个混合损失函数的作用在于可以保证所提出的预测–优化框架有效地对显著目标区域进行分割，用清晰的边界进行准确的预测。

目前，BASNet 模型在 6 个公开显著性检测数据集 SOD（Movahedi and Elder，2010）、ECSSD（Yan et al.，2013）、DUT-OMRON（Yang et al.，2013）、PASCAL-S（Li et al.，2014）、HKU-IS（Li and Yu，2015）、DUTS（Wang et al.，2017）上均取得了较高的显著性目标检测精度，该结果表明 BASNet 模型在各种类型的图像上都具有有效性和优越性，可以扩展或适应其他任务。

BASNet 模型由预测模块（predict module）和残差细化模块（residual refinement module，RRM）组成：预测模块中的编码器和解码器是一种常用的特征提取和转换

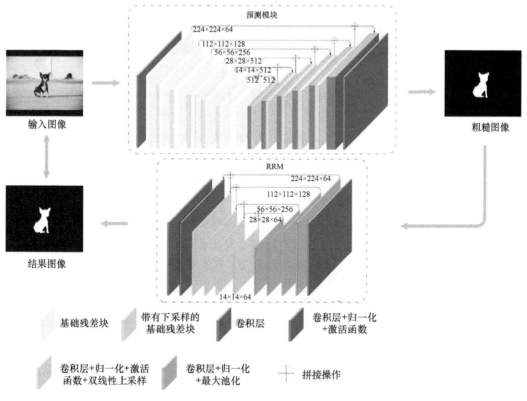

图 3-32　BASNet 模型结构图

方法，它们将输入图像转换为一个高维特征向量，并且通过解码器将特征向量转换为显著性图像，通过预测模块可以得到粗糙的显著性图像；RRM 通过一些残差连接和卷积操作对粗略的显著性图像进行细化和加强：首先将前一层的显著性图像和编码解码器的输出进行融合，并通过一些卷积操作来提高显著性图像的质量，其次利用一些残差连接来避免网络的梯度消失问题，进一步提高网络的性能和显著性图像的细节，最后输出加强后的结果图像。

（2）利用 OpenCV 库对得到的显著性结果图像画最小外接圆：读取输入图像并将其转换为灰度图像；对灰度图像进行阈值处理，以获得二进制图像；对二进制图像进行边缘检测，如 Canny 算子，以获得轮廓；对轮廓应用 cv2.minEnclosingCircle 函数，以计算最小外接圆的圆心和半径；在原始图像上使用 cv2.circle 函数与上一步得到的圆心和半径绘制最小外接圆。

（3）利用 OpenCV 库对得到的最小外接圆图像进行背景色改变：使用 cv2.inRange 函数创建一个掩码来标识背景区域，定义新的背景颜色的 RGB 值，使用 cv2.bitwise_and 函数将新的背景颜色应用于图像（在 OpenCV 中，处理彩色图像时使用 BGR 顺序来读取、修改和保存像素值，而不是 RGB，因此在输入偏好的背景色值时，需要注意输入正确的像素值顺序）。

（4）阈值化处理消除轮廓：由于在绘制最小外接圆和改变背景色时，会检测画出物体轮廓，并将其绘制在原始图像上，因此需要进行阈值化处理等操作消除轮廓。

（5）使用膨胀和腐蚀操作来平滑和增强符号的轮廓：首先使用膨胀操作来扩展符号的轮廓，其次使用腐蚀操作来收缩轮廓，并恢复其原始大小，最后处理后的显著性图像根据最小外接圆进行裁剪，得到地图符号。

3.4　本　章　小　结

微地图符号作为微地图的语言，在微地图制作者和使用者之间架起了沟通的桥梁。本章首先分析了微地图符号的特点，既具有与普通地图符号一致的特点（约定性和等价性），还具有微地图符号的专有特点，即简单化、多元化和个性化。其次，本章指出视觉变量与微地图之间的联系，从视觉变量切入，论述常规地图符号与微地图符号之间的相似与不同，基于视觉变量设计了微地图符号。不仅如此，本章还以旅游微地图为例，设计了专题符号，并对微地图符号以调查问卷等方式进行了评价。最后，本章详细地阐述了微地图符号智能化的理论基础，在图像分类、迁移学习、显著性目标检测等模型的支持下，设计了微地图符号的自助式智能化匹配和客制式智能化生成的方法，前者为微地图用户提供匹配的微地图符号库用以制图，后者则能帮助微地图用户生成微地图符号用以制图。

参 考 文 献

白娅兰, 闫浩文, 禄小敏, 等. 2021. 微地图符号的视觉变量及其应用. 测绘科学, 46(7): 182-188, 204.

黄凯奇, 任伟强, 谭铁牛. 2014. 图像物体分类与检测算法综述. 计算机学报, 37(6): 1225-1240.

黄莉芝. 2018. 基于深度卷积神经网络的目标检测算法研究. 成都: 西南交通大学.

黎万义, 王鹏, 乔红. 2014. 引入视觉注意机制的目标跟踪方法综述. 自动化学报, 40(4): 561-576.

李志林, 蓝天, 遆鹏, 等. 2022. 从马斯洛人生需求层次理论看地图学的进展. 测绘学报, 51(7): 1536-1543.

马秀颖. 2021. 人机协作的用户故事地图构建及应用研究. 北京: 北方工业大学.

苏珂, 孙守迁, 柴春雷, 等. 2011. 客制化产品材质意象决策支持模型. 中国机械工程, 22(14): 1723-1728.

王俊强, 李建胜, 周学文, 等. 2019. 改进的 SSD 算法及其对遥感影像小目标检测性能的分析. 光学学报, 39(6): 373-382.

温奇, 李苓苓, 刘庆杰, 等. 2013. 基于视觉显著性和图分割的高分辨率遥感影像中人工目标区域提取. 测绘学报, 42(6): 831-837.

Bochkovskiy A, Wang C Y, Liao H Y M. 2020. Yolov4: Optimal speed and accuracy of object detection. arXiv preprint arXiv: 2004.10934.

Chollet F. 2017. Xception: Deep learning with depthwise separable convolutions. Honolulu: Proceedings of the IEEE Conference on Computer Vision and Pattern Recognition: 1251-1258.

Donahue J, Jia Y, Vinyals O, et al. 2014. Decaf: A deep convolutional activation feature for generic visual recognition. Beijing: International Conference on Machine Learning: 647-655.

Girshick R, Donahue J, Darrell T, et al. 2014. Rich feature hierarchies for accurate object detection and semantic segmentation. Columbus: Proceedings of the IEEE Conference on Computer Vision and Pattern Recognition: 580-587.

He K, Gkioxari G, Dollár P, et al. 2017. Mask R-CNN. Venice: Proceedings of the IEEE Conference on Computer Vision and Pattern Recognition: 2961-2969.

He K, Zhang X, Ren S, et al. 2015. Spatial pyramid pooling in deep convolutional networks for visual recognition. IEEE Transactions on Pattern Analysis and Machine Intelligence, 37(9): 1904-1916.

He K, Zhang X, Ren S, et al. 2016. Deep residual learning for image recognition. Las Vegas: Proceedings of the IEEE Conference on Computer Vision and Pattern Recognition: 770-778.

Lecun Y, Matan O, Boser B, et al. 1990. Handwritten zip code recognition with multilayer networks. Tours: Proceedings 10th IEEE International Conference on Pattern Recognition: 35-40.

Li Y, Zhao H, Qi X, et al. 2021. Fully convolutional networks for panoptic segmentation. Nashville: Proceedings of the IEEE Conference on Computer Vision and Pattern Recognition: 214-223.

Li G, Yu Y. 2015. Visual saliency based on multiscale deep features. Boston: Proceedings of the IEEE Conference on Computer Vision and Pattern Recognition: 5455-5463.

Li Y, Hou X, Koch C, et al. 2014. The secrets of salient object segmentation. Columbus: Proceedings of the IEEE Conference on Computer Vision and Pattern Recognition: 280-287.

Lin T Y, Dollár P, Girshick R, et al. 2017. Feature pyramid networks for object detection. Honolulu: Proceedings of the IEEE Conference on Computer Vision and Pattern Recognition: 2117-2125.

Liu W, Anguelov D, Erhan D, et al. 2016. Ssd: Single shot multibox detector. Amsterdam: Computer Vision–ECCV 2016: 14th European Conference: 21-37.

Movahedi V, Elder J H. 2010. Design and perceptual validation of performance measures for salient object segmentation. San Francisco: Proceeding of the IEEE Conference on Computer Vision and Pattern Recognition: 49-56.

Niculescu-Mizil A. 2007. Inductive transfer for Bayesian network structure learning. San Juan: Proceedings of the 11th International Conference on AI and Statistics: 339-346.

Oquab M, Bottou L, Laptevi I, et al. 2014. Learning and transferring mid-level image representations using convolutional neural networks. Columbus: Proceedings of the IEEE Conference on Computer Vision and Pattern Recognition: 1717-1724.

Pan X, Ren Y, Sheng K, et al. 2020. Dynamic refinement network for oriented and densely packed object detection. Seattle: Proceedings of the IEEE/CVF Conference on Computer Vision and Pattern Recognition: 11207-11216.

Pratt L Y, Pratt L, Hanson S, et al. 1993. Discriminability-based transfer between neural networks. Advances in Neural Information Processing Systems, 5: 204-211.

Pratt L, Thrun S. 1997. Machine Learning-Special Issue on Inductive Transfer. Norwell: Kluwer Academic Publishers.

Qin X, Zhang Z, Huang C, et al. 2019. Basnet: Boundary-aware salient object detection. Long Beach: Proceedings of the IEEE/CVF Conference on Computer Vision and Pattern Recognition: 7479-7489.

Qiu S, Anwar S, Barnes N. 2021. Semantic segmentation for real point cloud scenes via bilateral augmentation and adaptive fusion. Nashville: Proceedings of the IEEE/CVF Conference on Computer Vision and Pattern Recognition: 1757-1767.

Ren S, He K, Girshick R, et al. 2015. Faster R-CNN: Towards real-time object detection with region proposal networks. International Conference on Neural Information Processing Systems. Cambridge: MIT Press: 91-99.

Sermanet P, Eigen D, Zhang X, et al. 2013. OverFeat: Integrated recognition, localization and detection using convolutional networks. Banff: Proceedings of the 2nd International Conference on Learning and representations: 1-16.

Simonyan K, Zisserman A. 2014. Very deep convolutional networks for large-scale image recognition. arXiv preprint arXiv: 1409.1556.

Wang L, Lu H, Wang Y, et al. 2017. Learning to detect salient objects with image-level supervision. Honolulu: Proceedings of the IEEE Conference on Computer Vision and Pattern Recognition: 136-145.

Yan Q, Xu L, Shi J, et al. 2013. Hierarchical saliency detection. Portland: Proceedings of the IEEE Conference on Computer Vision and Pattern Recognition: 1155-1162.

Yang C, Zhang L, Lu H, et al. 2013. Saliency detection via graph-based manifold ranking. Portland: Proceedings of the IEEE Conference on Computer Vision and Pattern Recognition: 3166-3173.

第 4 章　微地图制作

微地图的制图要求门槛低，各类用户群体均可便捷地绘制地图，由此来提升制图过程中用户的参与度，弱化制图者和用图者的界限。这就需要微地图的制图步骤要尽量少，制图方法尽量简单。

微地图的地图制作以智能手机为主要绘图平台，辅以平板电脑与电脑（PC）端，建立全场景的绘图方式，三种绘图平台相统一，结合各自平台的优点，共同建立微地图绘制平台。

不同的绘图平台需要充分考虑其信息输入的便捷程度和用户使用体验。对于移动设备而言，其信息输入的主要形式是文字、摄像头、GPS、人与屏幕的交互等；对于 PC端而言，其主要功能在于专业地理空间数据的处理。

依据人机交互方式的差别，微地图的制图方式主要有微地图手绘制图、微地图手势制图与微地图语义制图。下面对它们分别进行阐释。

4.1　微地图手绘制图

手绘是指人在平面上直接使用画笔等工具绘制图画；微地图手绘制图是指通过人与地图制图设备的触摸和点击等交互，实现地图的绘制。由于微地图平台以移动设备为主要制图与用图的入口，因此微地图手绘制图是指通过手指与触摸屏的点击、触摸、滑动等交互操作，实现微地图的绘制。

由于手绘过程中需要用户去标记空间信息，增加用户的制图负担，降低用户制图体验感，因此在微地图手绘制图中，本书主要阐述地标辅助下的微地图制作，使得制图变成连线游戏，提升用户制图的体验感。

地标辅助绘图首先需要解决的一个问题是数据的获取和处理；其次需要构建模型计算地标的显著度；最后对地标进行分层，提取出辅助制图的地标。因此，本节从这 3 个方面阐述地标辅助绘图的过程。

4.1.1　数据获取与处理

地标辅助绘图的数据来源为兴趣点（point of interest，POI）数据，所以对数据的获取与处理主要是指对 POI 数据进行操作。POI 在城市空间中起到划分空间结构的作用，为复杂的地理空间提供判别参照。基于此，首先明确 POI 的定义。POI 是指人们对地理空间环境中感兴趣的点状要素，如一栋大厦、一座山、一家店铺等。现有电子地图中展示的 POI 数据通常包含四个属性，即兴趣点名称、所在地址、精确坐标、所属类别，这些属性特征使 POI 数据能够很好地表征空间基础设施位置及指代区域信息,反映城市各类产业聚集情况,展现居民生产生活密度的分布格局（Chuang et al.，2016）。

传统的地理信息采集一般需要测量技术,即测量人员使用专业测量仪器,对地理空间信息点进行测量并记录其空间坐标等信息。由于测量过程受到野外环境、测量仪器校准质量及使用时间长短、测绘人员状态等多种因素的影响,数据采集过程中难免出现误差,因而传统 POI 数据的采集获取相对比较困难。

现代 POI 数据多来自于传感器、移动设备等的自动记录,典型的如城市内的各种 POI 数据。城市 POI 数据的数量决定了整个城市地理系统的价值,其不仅涵盖了城市各类设施的位置及属性信息,还表征了城市各层次空间结构的聚集密度,是城市研究的基础性空间大数据（迟璐等,2020）。其分布密度、集聚趋势等的表征也是城市中心识别、城市活力强度与城市功能区评估的重要技术手段（康雨豪等,2018）。因此,利用城市 POI 数据的空间点位信息及其与相邻点间的空间关系,模拟人类活动范围,映射城市活力强度是提取地标的核心思路。

基于此,以百度地图为数据源,利用 OSpider 开源矢量地理数据获取与预处理工具,按行政区划名称自动爬取不同类型的 POI 数据。所选数据中,有美食和休闲娱乐等数据的重叠,计算前需进行预处理,剔除冗余数据,只选择 POI 特征属性值较高的数据,并重分类至公众认知度较高的类别中,最终所选试验区的 POI 数据共 609 个,可分为 11 类（图 4-1）,此处以兰州市安宁区作为试验区。

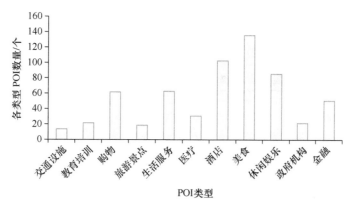

图 4-1 兰州市安宁区各类 POI 数量图

4.1.2 地标显著度模型构建

地标能否成为有效的寻路参照物,首先需要被大多数人所熟知,成为人们交流路线和传输信息的工具；其次,需要在地物的视觉特征、语义特征、结构特征上反映该地物的显著程度；最后,地标的影响范围与其在地理环境中的空间分布紧密相关。因此,利用城市 POI 数据,将 POI 的公众认知度（Cog.）、城市中心度（Cen.）和特征属性值（Char.）加权求和,从这 3 个方面解释观察者、环境与地标之间的相互作用,得到地标的显著度（Sig.）,并构建 POI 显著性度量模型,如式（4-1）所示:

$$POI\_Sig = w_1 \times Cog. + w_2 \times Cen. + w_3 \times Char. \qquad (4-1)$$

式中，各个指标的权重系数 w_1、w_2、w_3 的和为 1。为了消除度量方法产生的差异，将式（4-1）中 3 个指标向量的值进行归一化处理，使其取值区间为[0，1]。

1. 公众认知度

公众认知度（Denis，1997；Winter et al.，2005）是指在观察者自身的知识、经历、文化背景等影响下对空间对象的解读，是基于观察者认知因素对地标的显著度进行评估。尽管关于空间知识的解读和表达能力因人而异，但通过大量的调查能够发现其交集，表征出大众对事物的共同认识程度——公众认知度，进而促进人们对周围环境的理解和信息传递。

城市地标的公众认知度能最大限度地反映用户的空间认知力，即认识事物和表达事物的能力。问卷调查有助于广泛了解大众对城市各类 POI 显著性的认知程度，对所在城市的 POI 类型设置问卷进行认知度调查，问卷应满足以下 3 项基本要求：①将被试者的男女比例控制在 1：1 左右；②所涉及被试者的职业分布尽可能广泛；③绝大多数人在该城市有 5 年以上的生活经历。将所收集到的问卷数据利用最大最小归一化进行线性变换，归一化至[0，1]，得到各类型 POI 的公众认知度。

这里以兰州市安宁区为研究区域进行问卷调查。根据上述 3 项基本要求，此次问卷调查共获得有效数据 313 份，经最大最小归一化处理后，得到 POI 数据的公众认知度，并将其按 0～1 的顺序进行排序，结果如表 4-1 所示。由此可知，交通设施类的公众认知度最高，符合人们的基本认知习惯；安宁区存在较多高等院校，教育培训类的公众认知度为第二，符合该区域的特点；房地产类的公众认知度为 0，因此不能将其作为显著地标。

表 4-1　各类 POI 公众认知度的排序结果

类型	均值	标准差	公众认知度
交通设施	4.6979	0.5779	1.0000
教育培训	4.3959	0.7877	0.8657
购物	4.0117	0.9316	0.6949
旅游景点	3.6745	1.0651	0.5450
生活服务	3.5191	0.8684	0.4759
医疗	3.4340	1.1200	0.4381
酒店	3.4194	1.0899	0.4316
美食	3.2522	1.0048	0.3572
休闲娱乐	3.0411	1.2150	0.2634
政府机构	2.9150	1.1392	0.2073
金融	2.7947	1.2344	0.1538
房地产	2.4487	1.2842	0.0000

2. 城市中心度

城市中心度是指在不同区域下聚集不同的 POI 中心区，通过多密度空间聚类，能够较全面地反映城市 POI 的空间分布，表达不同层次中心区 POI 的显著程度。城市中心度的计算需要基于密度的聚类算法支撑，其关键是将低密度区中的高密度区域分离出来，并连接到高密度区域形成不同形状的簇（杨小兵，2005）。

基于密度的聚类算法有很多，本节采用 OPTICS 算法聚类，该算法的核心思想是为每个数据对象存储两个值：核心距离（core-dist）和可达距离（reach-dist）。该算法的实现分为两个阶段：①计算每个数据对象的核心距离和可达距离，生成不同形状的族序；②进行聚类，在聚类过程中使用第一阶段生成的族序信息，生成一个增广的簇排序并呈现出一种特殊的顺序，该顺序所对应的聚类结构包含每个层级的聚类信息。

核心距离的计算如式（4-2）所示，给定一个数据对象集合 D、2 个参数 ε 和 MinPts，则其中一个数据对象 O 的核心距离被定义为：能够使 O 成为核心对象的最小半径值（该值小于等于 ε）。

$$\text{core-dist}_{\varepsilon,\text{MinPts}}(O) = \begin{cases} \infty, & \left|\text{rangeQuery}(O,\varepsilon)\right| < \text{MinPts} \\ \text{MinPts-dist}(O), & 否则 \end{cases} \qquad (4\text{-}2)$$

式中，$\left|\text{rangeQuery}(O,\varepsilon)\right| < \text{MinPts}$ 表示 O 的 ε 领域的数据对象个数小于 MinPts 个，该情况说明 O 不是一个核心对象，其核心距离没有定义；反之，当 O 是一个核心对象时，MinPts-dist（O）表示使得 O 的 ε 领域能够包含 MinPts 个数据对象的最小半径值。

可达距离的计算如式（4-3）所示，给定一个数据对象集合 D，两个参数 ε 和 MinPts，则其中一个数据对象 O 与另一个数据对象 P 之间的可达距离被定义为：该数据对象 O 的核心距离与 O 和 P 的欧式距离之间的较大值。

$$\text{reach-dist}_{\varepsilon,\text{MinPts}}(P,O) = \max\left[\text{core-dist}_{\varepsilon,\text{MinPts}}(O), \text{dist}(P,O)\right] \qquad (4\text{-}3)$$

以兰州市安宁区作为研究区域，输入样本集 D，邻域半径 $\varepsilon=46$，给定点在 ε 领域内成为核心对象的最小领域点数（MinPts = 150），输出具有可达距离信息的样本点输出排序。按照可达距离的远近划分为 5 层，可达距离越小，该位置的中心度越高。因此，将 5 层聚类结果按照与可达距离远近成反比的关系，赋值 1~5，值越高表示该 POI 对象的可达距离越近，归一化到[0，1]，即可得到 POI 显著度模型的第二个指标——城市中心度。

3. 特征属性值

POI 对象的特征属性差异能够反映其在地理空间环境中的显著程度，如规模的大小或等级的高低。因此，通过采集和比较其特征属性可以反映 POI 在个体特征方面的显著性差异。

对于一些有规定标准进行类别划分的 POI 对象，就按照其规定标准进行类别划分。例如，公园广场等按照占地面积划分；旅游景区按照《旅游景区质量等级的划分与评定》（修订）（GB/T 17775—2003）划分（共分为 5 级）；酒店按照《旅游饭店星级的划分与评定》（GB/T 14308—2010）划分（共分为 5 级）；娱乐休闲场所等按照连锁店数量或区域范围内同类型的数量划分等。

当然，也存在一些没有规定标准进行类别划分的 POI 对象，如校园、银行和车站等。对于这类 POI 对象，进行类别划分时，取其划分属性的最大值与最小值做差，然后除以等级数 5，得到增长区间，最后完成 5 个等级的划分。

综上，在 1～5 属性值的等级区间内，具体针对不同类型量化标准划分赋值，通过归一化至[0，1]，把不同类型的 POI 对象量化在一个指标下，得到所有 POI 对象的特征属性值。

4. 地标显著度计算

地标的显著度及其对环境的影响力可以通过 3 个关键指标及其相应的权重系数来体现，表达用户在选择地标时的偏好，体现用户的认知差异。为提取符合大众认知的微地图地标，本节采用熵值法（结合熵值提供的信息值来确定权重的一种研究方法）确定权重。进行熵值法计算之前，对数据进行正向或逆向化，将数据存储为 $n \times m$ 的矩阵 A。其计算步骤如下。

（1）将各指标数据进行标准化处理，x_{ij} 表示矩阵 A 的第 i 行第 j 列的元素。

$$x_{ij} = \frac{x_{ij} - \min(x_j)}{\max(x_j) - \min(x_j)} \tag{4-4}$$

（2）计算第 j 项指标下第 i 个记录所占的比重。

$$P_{ij} = \frac{x_{ij}}{\sum_{i=1}^{n} x_{ij}} \quad j = 1, 2, 3, \cdots, m \tag{4-5}$$

（3）根据信息论中信息熵的定义，求出各个指标的信息熵。

$$E_j = -\ln(n)^{-1} \sum_{i=1}^{n} P_{ij} \ln P_{ij} \tag{4-6}$$

（4）计算各指标的权重。

$$w_j = \frac{1 - E_j}{k - \sum E_j} \quad j = 1, 2, 3, \cdots, m \tag{4-7}$$

根据上述步骤计算公众认知度、城市中心度和特征属性值的权重，所得结果如表 4-2 所示。由此可知，总共有 SSN_特征属性值、SSN_城市中心度、SSN_公众认知度 3 项，且它们的权重值分别是 26.91%、24.44%以及 48.65%。

以兰州市安宁区的数据为例，将表 4-2 的权重代入 POI 显著度模型，得到兰州市安宁区所有 POI 对象的显著度，显著度越高的地标，其特征等级、城市中心度、特征属性值、公众认知度等一系列表征值也越高，这一结果符合人们的空间认知。例如，一级地标包含 9 所高等院校和 2 个交通设施类地标，这符合安宁区具有多所高等院校的特点。

表 4-2　熵值法计算权重结果

项目	信息熵值（e）	信息效用值（d）	权重系数（w）/%
SSN_特征属性值	0.9923	0.0077	26.91
SSN_城市中心度	0.9930	0.0070	24.44
SSN_公众认知度	0.9861	0.0139	48.65

4.1.3　分层提取辅助制图的地标

沃罗诺伊（Voronoi）图具有按距离划分邻近区域的普遍特性，根据不同用途和需求表达，赋予权重能够更加准确地表达 Voronoi 图应用的含义。因此，加权 Voronoi 图能够实现分层地标的提取，表达不同尺度下不同层次的地标集，为用户在不同区域下，选择地标进行寻路导航时提供相应的地标集。

同层地标不同距离间生成的链接关系可表达符合人们空间认知规律的位置判断（陈香等，2015），所以远处的地标用于整体定位，近处的地标用于局部决策。由于人们在不同环境下有不同的需求，故而选择地标的优先层次也存在差异。由此可知，显著度高的地标在局部区域仍然具有辅助决策的作用，显著度低的地标在局部范围内同样具有一定影响力。因此，优先选择显著度高的地标决定路线规划，而在特定环境下选择局部地标来判断位置。

分层创建地标集能够反映地标在不同空间尺度下的位置关系。当一个人在陌生环境中寻路时，视觉吸引力占据较大比重，侧重于观察局部地标；而对于当地通勤者来说，其由于熟悉环境，会优先选择用时最短的路径，且地标的空间分布会占据较大比重，侧重于观察全局地标（Steck and Mallot，2000）。

因此，将地标按照显著度分为 5 层地标，创建服务于微地图用户的地标集，分别是"＞0.8910""＞0.7569""＞0.6870""＞0.6115"和"＞0"。其中，每一层分别为 11 个、50 个、103 个、180 个和 265 个。其可视化结果如图 4-2 所示，以各层地标为种子，以其显著度为权重生成不同层次地标的加权 Voronoi 图，直观地反映各个地标的指代区域，即各个地标的影响范围，当地标的影响范围越大时，其认知难度则越小。

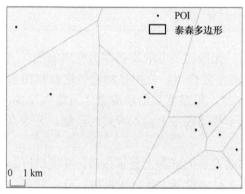

(a)一层地标(POI_Sig＞0.8910)

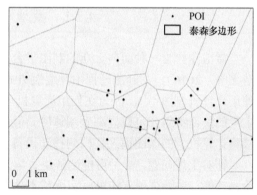

(b)二层地标(POI_Sig＞0.7569)

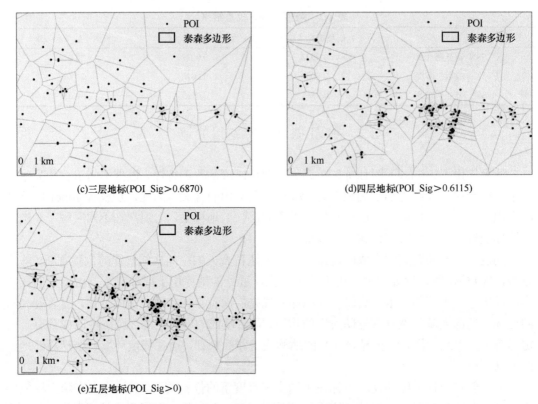

(c)三层地标(POI_Sig>0.6870) (d)四层地标(POI_Sig>0.6115)

(e)五层地标(POI_Sig>0)

图 4-2　兰州市安宁区各层地标分布

完全能够利用加权 Voronoi 图表达各层地标间的关系，并在地标辅助用户寻路时，推荐出接近目的地、满足用户需求的个性化路线，这样的路径也极为符合人们的空间认知习惯。正因为利用地标辅助用户寻路时，所设计的个性化路线符合人们的空间认知习惯，所以使用提取出的地标辅助制图，能够使制出的地图更为方便地服务大众。

4.2　微地图手势制图

4.2.1　微地图手势制图概述

微地图作为一种面向大众的制图平台，其用户无须经过专业培训即可完成制图（闫浩文等，2016）。在制图过程中，绘制方式发挥着重要作用。使用移动设备进行制图与使用计算机制图不同，因为在使用计算机进行制图时，通常需要借助键盘作为输入设备，大量的快捷键组合可以提高制图速度。但是，由于移动设备上输入方式的限制，无法直接将计算机上的制图模式移植到移动设备上。

针对上述问题，一种可能的解决方案是在移动设备的屏幕上显示按钮，并提供屏幕绘制功能。尽管这种方法可以实现基本功能，但在移动设备上显示大量按钮会压缩有效的显示区域，从而增加了制图的难度和误触发的风险。

手势交互方式已经崭露头角并快速发展，成为自然交互的主要方式之一。自然交互强调人与机器之间可以通过手势、语言表达和行为动作进行自然交流（Valli，2008）。考虑到手势作为一种交流工具在早期文明中已广泛应用，因此我们可以采用手势作为制图的交互方式，如图 4-3 所示。此外，微地图手势制图具有以下 4 个主要优势（孙效华等，2015）：①直观性，手势作为人类日常交流的自然方式之一，能够实现直观的交互体验；②高效性，手势具有语义和空间属性，能够更高效地解决多层次的复杂任务；③指向性，手势能够有效传达方向、正负、是非等倾向性信息；④易学性，手势的定义源自用户的日常认知，易于理解和接受。

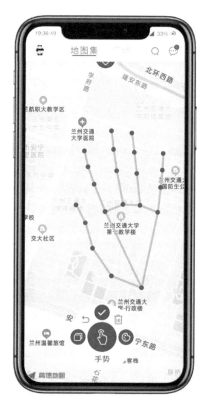

图 4-3 微地图手势制图示例

在这一背景下，我们提出微地图手势制图的定义。手势制图是通过各种手势识别技术，将用户输入的手势转换为制图操作的过程。微地图中通常采用基于视觉的方法进行手势识别。

在本书中，微地图手势制图的实现流程包括以下关键步骤。①制作手势库：基于设计原则和用户习惯的方法，定义一套交互自然、流畅且功能明确的手势库。②手势识别：利用深度学习方法，将用户当前的手势与手势库中的手势进行匹配，如果匹配成功，执行相应手势对应的操作。③绘制数据优化：在匹配到制图手势后，需要将用户手势的移动轨迹进行绘制。绘制过程中需要对数据进行优化，以达到用户预期的效果，如图 4-4 所示。

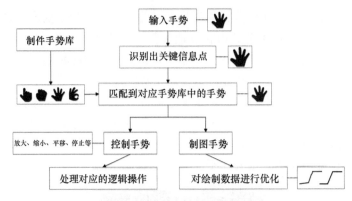

图 4-4　微地图手势制图流程图

通过上述微地图手势制图的流程，用户可以更自然地进行地图制作，而不需要依赖复杂的工具或界面。这种交互方式为用户提供了更多的创造性和自由度，有助于满足不同制图任务的需求。本章也将依据上述流程为读者详细解释其中涉及的技术以及原理。

4.2.2　手 势 设 计

在微地图手势制图中，降低用户的学习成本取决于制图手势和用户日常使用手势之间是否具有良好的映射关系。因此，本节将探讨如何设计出合理、自然且功能明确的手势，不同的手势如图 4-5 所示。

图 4-5　不同的手势

当前的设计方法中，有两种主流的手势定义方法，分别是基于设计原则的方法（孙效华等，2015；曾丽霞等，2015）和基于用户习惯的方法[①]。

基于设计原则的方法首先制定一系列手势设计原则，然后根据这些原则以及考虑使用场景和目标用户等因素来定义手势。这种方法的优点在于对软硬件条件清楚、目标明确、系统性强以及扩展性强。其不足之处在于用户的参与度较低，并未充分考虑用户的心理因素。

针对上述问题，基于用户习惯的方法开始受到关注。这种设计方法强调用户在手势设计中的主导地位。其流程是首先告知用户要实现的制图功能，然后完全依赖用户来设计手势，即为某一功能创建手势库，然后根据某一功能统计手势库中某个手势的使用频次，或者由用户进行投票来决定。这种方法有效地解决了用户参与度问题，充分考虑到

---

① Wobbrock et al. 2009. User-defined gestures for surface computing. Proceedings of the SIGCHI Conference on Human Factors in Computing Systems: 1083-1092.

用户对手势的认知。然而，这种方法也存在一些缺点，如手势缺乏系统性和扩展性，并且在手势定义中可能出现自相矛盾的情况。

　　需要注意的是，无论是基于设计原则的方法还是基于用户习惯的方法，最终的手势都需要经过不断迭代和优化才能形成。

　　综合来看，基于用户习惯的方法在手势库设计和初步评价阶段表现较好，而基于设计原则的方法更适合在后期对手势进行整体的评估和优化（尹超，2014）。这里也采用基于用户习惯的方法进行手势设计，充分利用用户和设计人员的优势，以使设计出的手势更加自然，更符合用户的使用习惯。

　　图 4-6 展示了部分手势及其对应功能的效果演示。

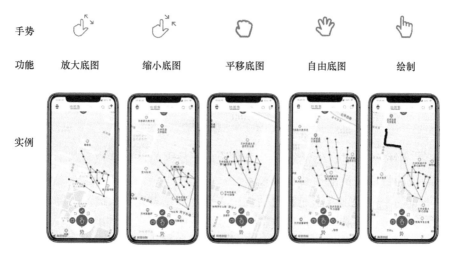

图 4-6　部分手势及其对应功能的效果演示

4.2.3　手势识别技术

　　手势识别技术的研究由来已久，最早采用的设备是数据手套（图 4-7），其由多个传感器组成，通过将传感器获取到的用户手部信息传输到计算机中进行处理（Panwar，2012；武霞等，2013），从而对手势进行识别。尽管数据手套可以提供良好的检测效果，但其价格昂贵且不太普及。

　　光学标记方法随后逐渐取代了数据手套。这种方法通过将光学标记附在人的手上，使用红外线识别手的位置和手指的变化。尽管这种方法可以提供良好的识别结果，但仍然需要相对复杂的设备。

　　虽然上述两种方法能够准确识别手势信息，但它们通常需要复杂的环境、昂贵的设备，不仅使手势识别难以应用，还掩盖了手势自然的表达方式。近年来，随着计算机视觉技术的发展，基于视觉的手势识别技术应运而生。这种方法通过视频采集设备捕捉包含手势的图像信息，然后使用计算机视觉技术进行处理和手势识别（易靖国等，2016）。这种方法不仅无须复杂的设备支持，而且具有高精度的识别能力。此外，由于不需要任

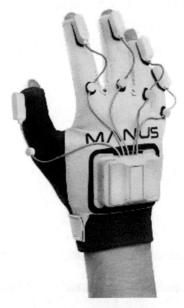

图 4-7　数据手套

何物理附着，用户可以更自然地进行手势交流。正是因为这些特点，基于视觉的手势识别技术已经成为目前主流的手势识别技术。

基于视觉的手势识别方法通常包括三个主要步骤。首先，从输入的静态图片或动态视频的某一帧中进行手势分割，将动态手势从背景中分离出来并准确定位；其次，根据具体需求选择适当的手势模型进行手势分析，并从模型中提取相关的手势参数；最后，利用提取得到的手势参数，应用适当的算法进行手势识别，以确定用户的手势意图（易靖国等，2016）。基于视觉的手势识别技术的流程如图 4-8 所示。

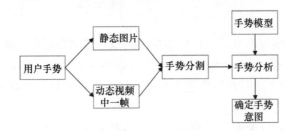

图 4-8　基于视觉的手势识别技术的流程图

MediaPipe 是 Google 的一个开源项目，也是我们实现手势识别所采用的工具，其集成了机器学习视觉算法的库，其中包括手势识别的模块。MediaPipe 的手势识别部分使用 Bazel 工具构建，用户可以免费使用。MediaPipe 利用机器学习技术从一帧中推断出来手部的 21 个 3D 地标（landmark），作为手部的关键信息点进行使用（刘德发，2022）。这里的手势识别技术就是基于 MediaPipe 进行开发的，如图 4-9 所示。

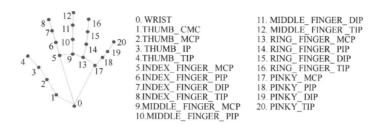

图 4-9　MediaPipe 识别手部的 21 个关键信息点

注：感兴趣的读者可以通过以下链接查看并使用：https://mediapipe-studio.webapps.google.com/studio/demo/gesture_recognizer

4.2.4　绘制数据优化

在进行微地图手势制图时，大部分线状和面状要素通常是通过空中手势绘制的方式生成的。但是，这种绘制方式可能会导致绘制的数据与用户预期之间存在一些轻微的偏差，通常表现为数据的"抖动"，如图 4-10 所示。

图 4-10　绘制数据抖动

这种抖动可能是由用户手部微小的不规则运动或识别技术的限制而引起的。其可能导致绘制的线状或面状要素的边界看起来不够平滑，或者出现轻微的曲线波动。

为了解决绘制数据"抖动"的问题，可以采用以下方案：①数据平滑，使用平滑技术减少绘制数据中的噪声，使其更加连贯和平滑。②曲线拟合，采用曲线拟合算法，结合绘制数据中的特征点，使用特征点之间的非特征点进行曲线拟合，以减弱"抖动"数据的干扰。

本书虽然采用数据平滑的方式对绘制数据进行了优化（图 4-11），但是考虑到绘制数据的复杂性以及用户在不同场景下的绘制需求，优化方法仍然需要进一步研究。

(a) 优化前   (b) 优化后

图 4-11　绘制数据优化前后

4.3　微地图语义制图

微地图语义制图是指对空间信息和空间实体描述的语义信息进行实时反馈的空间信息可视化，这些数据的主要来源是用户对空间事务和空间实体描述的语义信息、地理参考信息、音频、图像以及视频等，即以由微地图用户提供制图的语义信息作为地图制作的主要依据，辅助其他所涉及的地理空间数据，通过微地图平台对数据进行提取、处理、整合，最后将其依据不同的制图目的进行可视化表达。

微地图语义制图首先需要完成制图语义信息的抽取，从输入的文本信息中准确获取其制图信息，其中包括语义信息、基础地理信息数据、制图范围数据等；其次对制图信息进行提取，其中包含制图实体的构建、制图信息的提取、属性信息的提取等；最后依据制图实体的空间位置、属性信息和空间关系，结合用户的制图意愿进行符号化表达，具体流程如图 4-12 所示。

（1）数据获取：自动收集用户所提交的制图文本数据，该数据包含用户的制图目的、需要表达的空间地物信息、空间关系、实体属性等。这些数据的丰富性和有效性差异较大，因此需要在结合基础地理信息数据的基础上进行地图绘制，从而提高制图的有效性和用户的满意度。

（2）信息提取：使用自然语言处理技术来提取用户所传递的文本数据，即通过构建制图实体，明确信息提取的目的，随后使用命名实体识别（named entity recognition，NER）技术识别文本中的制图实体及其相关信息。

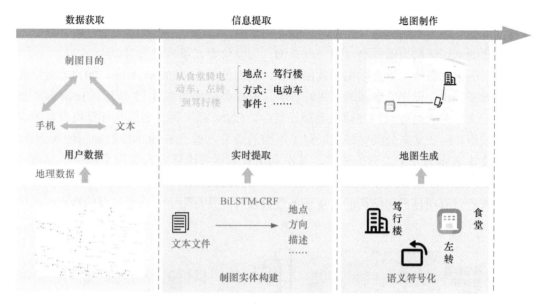

图 4-12 微地图语义制图流程

（3）地图制作：利用收集到的基础地理信息数据和用户提供的制图数据，充分理解其所需要表达的语义信息，依据语义信息，选择合适的地图符号，进行地图可视化。

微地图语义制图过程中需要着重解决以下问题：①制图场景的识别。制图场景的准确识别可以更好地为微地图用户提供基础地图模板，提高制图的准确性。②制图实体的提取。制图实体是语义制图的基础，也是重建空间关系的重要依据。③空间关系的重建。空间关系是决定地图传递信息准确性的重要指标。④语义理解的符号化。这是影响微地图用户对地图制作满意度的直接影响因素。

4.3.1 制图场景的识别

微地图的制图场景是指使用制作地图的相关技术与工具绘制不同类型、不同应用场景的地图。制图场景的准确识别可以使微地图平台提前预置一些基础地图制作模板，以便提供更加专业、科学的制图支持。微地图制图场景可以依据使用场景或地图类型进行分类，通过有效的制图场景分类，可以更加有效地将制图信息与制图模板进行匹配。

依据微地图的制图场景，我们将常用的微地图主要应用在以下 3 个方面。①局部微导航：作为传统地图的补充，微地图制作更加注重细节与局部信息的补充表达，因此微地图可被广泛应用在局部小区域的导航中；②旅游与游览：微地图可以很方便地通过大家的旅游游记制作一幅记录用户游玩过程的地图；③专题信息展示：使用微地图展示一些专题信息，如各地代表美食分布、城市积水点分布等。

微地图语义制图场景的识别，可以使用自然语言处理技术，对语义信息按照制图场景的分类进行自动分类标记。现有的文本分类已经被广泛使用的包括以下 3 个方面：①情感分析（韩虎等，2023），即依据文本信息，将其分类为积极、消极和中性；②主题分类，即将文本信息分为不同主题，如金融、体育、军事、娱乐等；③意图识别，即分类文本中所蕴含的意图倾向为哪一类，如天气查询、信息检索、手机设置等。

　　为准确识别微地图语义制图的制图场景，我们使用 TextCNN（Kim，2014）对语义制图信息依据预先设定的制图场景进行分类，其分类过程如图 4-13 所示。TextCNN 是一种用于文本分类的卷积神经网络模型。其中，CNN 是一种主要用在计算机视觉的深度学习模型，但在文本分类领域也取得了不错的效果。基于 TextCNN 的制图场景分类，首先将文本表示为一个二维的矩阵，其次利用卷积层和池化层来提取文本中的局部特征，最后通过全连接层进行分类。TextCNN 可以捕捉到文本中的局部信息和特征，对于短文本或者具有明显局部结构的文本任务效果较好，具有简单、易于实现的特点，训练速度较快。

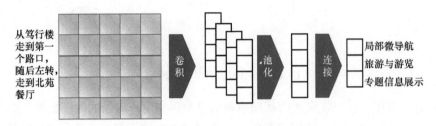

图 4-13　基于 TextCNN 的制图场景分类

4.3.2　制图实体的提取

　　制图实体的提取是以制图文本信息为基础支撑，使用命名实体识别（NER）技术，从待处理的制图文本中识别出空间地物、时间、空间关系、属性信息（如地物类型、简称、标志物等）等。制图实体的识别是语义制图的基础数据支撑和决定要素，因此需要选择更加高效、准确的 NER 技术进行制图实体的提取。

　　BiLSTM-CRF（Huang et al.，2015）是用于序列标注任务的深度学习模型。其结合了双向长短期记忆（bidirectional long short-term memory，BiLSTM）网络和条件随机场（conditional random field，CRF）两个部分。BiLSTM 是一种循环神经网络（RNN）的变种，其通过在网络中引入两个方向的 LSTM 单元，可以同时考虑上下文信息。通过前向和后向传播，BiLSTM 可以捕捉到序列中的上下文依赖关系，从而更好地理解序列的语义。CRF 是一种统计模型，常用于序列标注任务。其可以对序列中的每个位置进行标签的预测，并考虑相邻标签之间的关系。BiLSTM-CRF 的基本思想是首先使用 BiLSTM 网络对输入序列进行特征提取，得到每个位置的特征表示；其次，将这些特征表示作为 CRF 模型的输入，通过 CRF 模型进行标签预测。

　　BiLSTM 可以捕捉到上下文信息，对序列中的长距离依赖关系有较好的建模能力。而 CRF 可以考虑标签之间的转移概率，使得模型的预测结果更加平滑和一致。因此，BiLSTM-CRF 在诸如 NER、词性标注和句法分析等序列标注任务中广泛应用。故本书选择 BiLSTM-CRF 进行制图实体的提取。

本书利用 BiLSTM-CRF 提取制图实体的基本思想是：首先将制图文本信息转化为向量；其次将其向量化的结果输入到 BiLSTM 层学习文本上下文信息；最后通过 CRF 层输出制图文本中所需要提取的制图实体。基于 BiLSTM-CRF 的制图实体识别如图 4-14 所示，包含文本信息输入、向量化、BiLSTM 层、CRF、识别结果。

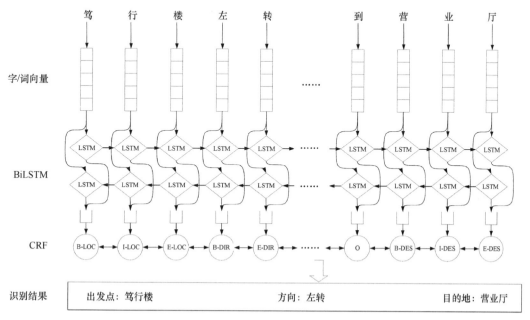

图 4-14　基于 BiLSTM-CRF 的制图实体识别

B 表示开始；I 表示中间；E 表示结尾；LOC 表示位置；DIR 表示方向；DES 表示目的地

4.3.3　空间关系的重建

微地图语义制图中的空间关系是指制图实体间的相互位置或相互关联的关系。空间关系可以帮助我们了解空间地物的相对位置、方向、距离、相互间的关系，也被广泛地应用到空间信息的表达中。国内外学者对空间关系研究的切入点不一，但可依据其所在空间类型、嵌套空间维数、几何约束类型、目标运动状态、目标空间维数、复杂程度、表达形式、计算方法进行分类（邓敏和李志林，2013），具体分类情况如图 4-15 所示。在微地图语义制图的空间关系重建中，我们选择按几何约束类型分类的拓扑关系、方向关系、距离关系作为识别的重点。

语言的模糊性会导致制图信息表达不明确（如在某个建筑物附近、距离你不远的位置、在你的左手边等）。此类空间关系的描述会为微地图的空间关系重建带来较大困难，这需要在后面的基于自然语言的空间关系重建中着重进行相关研究。从模糊化的空间描述到定量化的空间信息，可能需要在顾及上下文语义信息、制图场景、制图区域等信息的综合下，结合空间推理来明确具体空间信息。

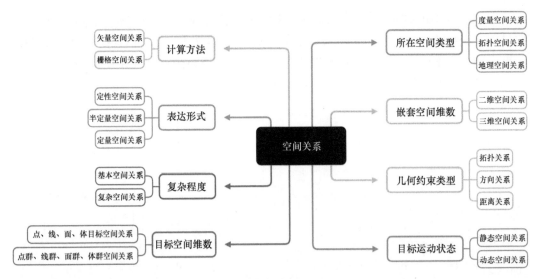

图 4-15   空间关系分类

4.4   本 章 小 结

本章分别从微地图手绘制图、微地图手势制图、微地图语义制图 3 个方面描述了微地图的制作方式：首先，从移动设备制图便捷性的角度出发，设计了地标支持下的微地图手绘制图方法，以期降低操作复杂性；其次，介绍了微地图背景下的微地图手势制图方法，详细介绍了微地图绘制中手势的设计、识别、数据优化等；最后，阐述了微地图语义制图过程，详细指出了语义绘制中 3 个需要着重考虑的问题，包含制图场景的识别、制图实体的提取、空间关系的重建。微地图的绘制是微地图的核心工作，且其制图方式不局限于以上所述的几种方式，还需进一步研究模板制图、多种交互方式共同作用下的微地图制作方法等。

参 考 文 献

陈香, 李晓明, 詹然, 等. 2015. 从城市兴趣点中提取多层次地标方法探究. 测绘与空间地理信息, 38(10): 129-132, 136.

迟璐, 宋伟东, 朱霞. 2020. 城市 POI 的空间数据分析与可视化表达. 测绘与空间地理信息, 42(2): 109-113, 117.

邓敏, 李志林. 2013. 空间关系理论与方法. 北京: 科学出版社.

韩虎, 郝俊, 张千琨, 等. 2023. 多源知识融合的方面级情感分析模型. 北京航空航天大学学报: 1-11.

康雨豪, 王玥瑶, 夏竹君, 等. 2018. 利用POI数据的武汉城市功能区划分与识别. 测绘地理信息, 43(1): 81-85.

刘德发. 2022. 基于 MediaPipe 的数字手势识别. 电子制作, 30(14): 55-57.

孙效华, 周博, 李彤. 2015. 隔空手势交互的设计要素与原则. 包装工程, 36(8): 10-13.

武霞, 张崎, 许艳旭. 2013. 手势识别研究发展现状综述. 电子科技, 26(6): 171-174.

闫浩文, 张黎明, 杜萍, 等. 2016. 自媒体时代的地图: 微地图. 测绘科学技术学报, 33(5): 520-523.

杨小兵. 2005. 聚类分析中若干关键技术的研究. 杭州: 浙江大学.

易靖国, 程江华, 库锡树. 2016. 视觉手势识别综述. 计算机科学, 43(S1): 103-108.

尹超. 2014. 事件原型衍生的自然交互设计与应用. 长沙: 湖南大学.

曾丽霞, 蒋晓, 戴传庆. 2015. 可穿戴设备中手势交互的设计原则. 包装工程, 36(20): 135-138, 155.

Chuang H M, Chang C H, Kao T Y, et al. 2016. Enabling maps/location searches on mobile devices: Constructing a POI database via focused crawling and information extraction. International Journal of Geographical Information Science, 30: 1405-1425.

Denis M. 1997. The description of routes: A cognitive approach to the production of spatial discourse. Current Psychology of Cognition, 16(4): 409-458.

Huang Z, Xu W, Yu K. 2015. Bidirectional LSTM-CRF models for sequence tagging. arXiv preprint arXiv: 1508.01991.

Kim Y. 2014. Convolutional neural networks for sentence classification. arXiv preprint arXiv: 1408.5882.

Panwar M. 2012. Hand gesture recognition based on shape parameters. Dindigul: International Conference on Computing, Communication and Applications: 1-6.

Steck S D, Mallot H A. 2000. The role of global and local landmarks in virtual environment navigation. Presence: Teleoperators and Virtual Environments, 9(1): 69-83.

Valli A. 2008. The design of natural interaction. Multimedia Tools and Applications, 38: 295-305.

Winter S, Raubal M, Nothegger C. 2005. Focalizing measures of salience for wayfinding//Map-Based Mobile Services: Theories, Methods and Implementations. Heidelberg:Springer: 125-139.

第5章　微地图的传播

5.1　概　　述

微地图作为一种自媒体时代的新型地图，其传播应兼具地图和自媒体的共性并且具有自身特点，使地图能够成为一种交互性强的"个人媒体"。为了适应自媒体时代的信息需求，微地图在分发和传播上需要及时、便捷（高效性）；在信息传播时不但要具有由点到面的"广播"功能，而且要具有由点到点和由面到面的"互播"功能（互播性）（张莉琴和万春晖，2014）；在信息交互时应当满足用户"千人千面"的使用需求，实现物品"万里挑一"的精准筛选，这要求我们在提供大众制图功能的同时提高大众用图的精准度（个性化）；为了使地图成为一种大众化的交流工具，最大限度地体现地图的社会效益（社会性）（汪季贤和陶丹，2001）。由此可知，微地图不仅需要满足用户当下个性化的制图方式，而且更需要为用户提供高效化、精准化的用图推荐。

为了推进对微地图传播的研究，本章需要解决以下问题：微地图"互播"式传播的实现途径是什么（互播性）？微地图的传播效率如何与时俱进（高效性）？各种用户类型在微地图使用上有什么特点（个性化）？如何使地图来源于大众群体，并反馈地图职能于用户本身（社会性）？

综上所述，本章所阐述的微地图的传播方法研究将针对微地图现有传播方式缺乏高效性、互播性、社会性及个性化的问题，借助推荐系统的方式进行研究，通过构建适用于微地图的推荐系统，实现自媒体环境下微地图传播的现代化方式，使"草根"地图始于大众，用于大众，服务于大众，并为自媒体时代地图的传播方式提供新思路，也为微地图在自媒体时代实现大众用图途径多元化提供有益补充。

5.1.1　传统的传播方式

地图传播方式的发展经历了从手工制图到自动化制图、从局限传播到全球网络共享、从静态展示到动态互动、从单一功能到多功能综合的过程。地图已经从简单的地理信息展示工具，转变成一个集导航、搜索、推荐、社交等多种功能于一体的综合平台。

点对点传播（point to point communication）是指传受双方均为数量有限的个体的传播方式，人际传播被看作最有代表性的点对点传播（童兵和陈绚，2014）。与点对面传播相比，点对点传播的效果更为直接，传受双方的交流通常是对等的。互联网有效地将点对点传播与点对面传播融合在同一个媒介平台上。微地图以个体用户之间的"点对点"互播为主要传播形式，也可以在群内进行广播，而传统地图则以广播式传播为主。

5.1.2　微地图的个性化传播

从信息传输的角度来看，地图的传播方式主要分为两种类型（Harley，2002）：一是地图信息的单向线性传播阶段。此时印刷术尚未出现，地图以石块、布帛、金属等为载体，信息的传播极其受限（王家耀，2014）。二是地图信息"由点到面"的中心发散传播阶段，此阶段的地图以印刷地图和电子地图为主，可以统称为地图信息的广播式传播阶段。地图信息的单向线性传播效率低下，并早已成为历史，本节不再赘述。地图信息的广播式传播虽然极大地提高了地图的传播效率，但仍有缺陷，表现为广播式传播缺乏灵活性，信息传输的效率低，传播速度慢，不能满足用户快速、多变、灵活响应的需求，不利于地图的大众化。

自媒体时代加快了地图平民化的进程，地图在制作上应有大众用户的实时参与，在分发和传播上需要及时、方便、快捷，在信息传播时不但具有由点到面的广播功能，而且要有由点到点和由面到面的互播功能，因此微地图的概念应运而生。微地图这种面向大众的"草根"地图的传播方式如图 5-1 所示，如果可以在传播时顾及用户群体、地图内容以及传播方法，并像微信一样方便快捷地进行传播和应用，就必须借助较好的推荐算法来实现。

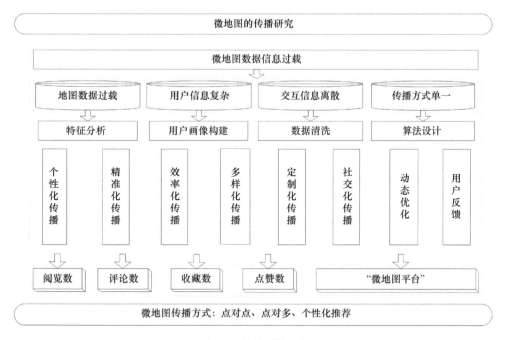

图 5-1　微地图的传播

推荐算法为用户推荐感兴趣的相关领域的内容，让用户更方便获取自己想要的信息，也为商业决策提供帮助。但传统推荐算法存在内容冗杂、质量参差不齐等问题，用户对推荐的内容体验效果较差，亟须收到与自己兴趣相关的高质量信息，且小型社交平台中架设推荐系统的成本和技术要求较高，导致信息发布困难，使每个用户难以实现精准信息分发，且目前没有应用在地图上的相关推荐算法。

5.1.3　推　荐　系　统

推荐系统是指根据用户的兴趣特点和交互行为，为用户推荐感兴趣的项目（如电影、书籍、音乐、新闻等）的软件系统。在推荐系统中，"项目"被定义为系统为用户推荐的物品。推荐系统的设计目标是在用户缺乏相关领域经验或者面对海量信息而无法处理时，为其提供一种智能的信息过滤手段（方金凤和孟祥福，2022）。例如，淘宝网使用推荐系统为用户的在线购物提供推荐，由于用户的兴趣爱好不尽相同，因此推荐的结果通常是个性化的，即不同的用户群组收到的推荐结果往往是不同的。在许多应用中，推荐的结果往往以一个排序列表呈现出来，其中的项目序号是由推荐系统所预测的用户对该项目的感兴趣程度决定的。

为了预测用户对某个项目的感兴趣程度，推荐系统可以通过收集用户的相关信息（如年龄、性别、学历、言论等）来和产品的相关特征进行匹配从而进行推荐，也可以通过收集用户的历史标注信息来预测用户对项目的偏好程度（刘纪平等，2022）。历史标注信息通常可以分为显式标注（如评分等）和隐式标注（如购买和浏览记录等）。随着电子商务的飞速发展，在线商店里的商品种类和数量急剧增加，用户难以从中找到最适合自己的商品，因此对推荐系统的需求越来越迫切。最近几年，推荐系统在众多领域的成功应用表明其在解决信息过载问题中具有得天独厚的优势。如果推荐系统能够为用户提供高质量的推荐，那么将能够增加用户黏性，同时用户在浏览推荐项目时的行为（如显式的评分或者隐式的购买记录等）将被记录下来，从而丰富推荐系统数据库的内容，使得以后的推荐变得更为精准，从而形成一个良性循环（龙恩等，2023）。

正是因为推荐系统具有宝贵的应用价值，关于推荐系统的研究工作近年来也变得越加热门。

作为当前热门的研究领域，推荐系统可以有效地对用户和物品进行建模，通过深入挖掘用户需求，快速精准地为其推送符合个性化需求的物品。当用户作为数据信息的消费者时，推荐系统能够在海量信息中为用户筛选出最符合需求的项目；而当用户作为数据信息的生产者时，推荐系统能够使用户自己生产的数据信息被大众所了解。由此可见，推荐系统恰恰能够满足微地图传播中快速、精准且个性化的传播需求。一个完整的推荐系统一般由用户、物品以及推荐载体共同参与，通过分析用户信息与物品信息，主动查找用户感兴趣的物品，并在推荐载体上展示推荐结果。此外，用户获得推荐结果后可对推荐结果进行实时反馈，其反馈的信息可作为推荐模型的修正参考，进而继续迭代并提高后续的推荐质量。由此可见，推荐系统可从海量的微地图中将最符合需求的内容精准推送于用户，并将用户制作的微地图广泛传播于大众群体，解决了自媒体时代微地图传播的核心问题。微地图推荐系统示意图如图 5-2 所示。

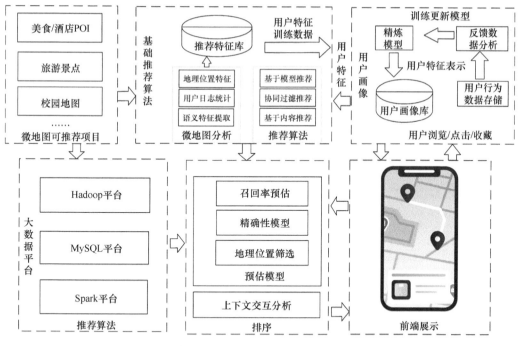

图 5-2　微地图推荐系统示意图

5.2　传统的推荐系统

在原始社会，人类就已经拥有了推荐的思维，将合适的物品推荐给合适的人群，将合适的事情告知于合适的人。随着科技时代的到来，人们将推荐行为通过机器学习的方式"教给"了计算机。推荐系统雏形的形成可以追溯到 1994 年，明尼苏达大学双城分校计算机系的 GroupLens 研究组设计了名为 GroupLens 的新闻推荐模型。这是推荐系统与协同过滤（collaborative filter，CF）思想的起源，为后续的推荐系统研究奠定了基础。推荐系统的发展可以分为以下四个阶段。

5.2.1　基于协同过滤的推荐系统

通过用户–物品交互矩阵，根据相似度计算结果进行用户或项目的协同过滤推荐。该阶段的推荐模型虽然具备较高的可解释性，但也存在泛化能力弱、数据密度要求高等缺点。为了解决冷启动等问题，研究学者将协同过滤算法进行了优化，提出了矩阵分解模型。

协同过滤是推荐系统领域影响力最大、应用最广泛的模型，其最初源于施乐（Xerox）的研究中心开发的邮件分类系统。"协同过滤"最早是由 GlodBerg 等在 20 世纪 90 年代中期开发推荐系统 Tapestry 时提出的，并在后来被广泛地研究和应用。协同过滤的基本假设是如果用户 A 和用户 B 在一些项目上具有相似的历史标注模式或者行为习惯（如购买、阅读、观影等），那么他们在项目上具有相似的兴趣（谭永滨等，2021）。一般而言，协同过滤技术都会用一个数据库来存储用户的历史标注，然后使用这些信息来预测用户的兴趣爱好并据此向用户进行推荐。图 5-3 展示了协同过滤系统的典型构架图。其中包括表示用户的标注信息数据库，一般为用户评价矩阵。

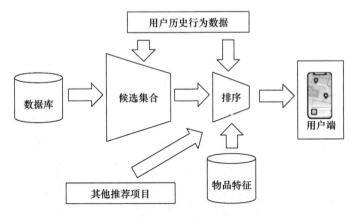

图 5-3　协同过滤系统的典型构架图

5.2.2　基于内容的推荐系统

基于内容的推荐系统将项目自身特征、用户自身特征、上下文环境特征等与用户–物品交互矩阵共同作为模型的输入，将输入的特征进行加权，并通过 sigmoid 函数预测用户对项目的交互概率，或将概率值与用户的平均分值相乘得到预测评分。逻辑回归模型具备较强的可解释性，且空间复杂度与时间复杂度都很低，但是对于数据清洗过程有较高的要求，甚至需要对输入数据进行人工标签化处理。

5.2.3　混合推荐系统

1. 因子分解机阶段

在因子分解机阶段的推荐系统中加入更多的特征向量，为每一个特征都分配一个初始向量，将这些向量进行内积处理，获取交叉特征的权重。该阶段的典型算法是因子分解机（factor machine，FM）模型以及实地感知（field-aware）因子分解机（field-aware factor machine，FFM）模型，与 FM 模型相比，FFM 模型不仅强化了模型的能力，还提升了计算复杂度。

2. 组合模型阶段

组合模型进一步提升特征交叉的维度，并通过模型的组合弥补各自的缺点。例如，逻辑回归（logistic regression，LR）模型无法使用笛卡儿积解决特征组合问题。将梯度提升决策树（gradient boosting decision tree，GBDT）模型与 LR 模型融合可以更好地进行特征区分与特征融合。

5.2.4　基于深度学习的推荐系统

深度推荐模型以多层感知机（multilayer perceptron，MLP）为基础，进行了模型的进化与改善。传统推荐系统在大数据环境下，"用户–物品"交互矩阵的维度会达到数千万甚至数亿，这会引发严重的数据稀疏问题，无法适应大规模数据环境。基于内容的推荐系统从显式特征（如评分）或者隐式特征（如点击、购买或者用户画像等）中提取用户偏好，并计算特征化之后的偏好与待预测项目在内容上的匹配度，虽然能在一定程度上缓解新项目的冷启动问题，但是存在特征提取困难的问题。

近年来，研究者们基于机器学习方法研究了自动特征提取器，在不依赖人工提取特征的情况下，通过用户画像以及历史行为数据提取用户隐式信息和通过项目内容信息提取项目的隐式信息，再利用基于内容的推荐系统构建用户与项目的关联，形成了基于机器学习的混合推荐方法。例如，Guo 等（2017）融合深度神经网络以及传统 FM，提出了一种混合推荐方法（DeepFM），该方法利用深度神经网络提取高阶特征，以及利用 FM 提取低阶特征，并利用预测器融合高低阶特征完成高精度的 CTR 预测。Yin 等（2017）提出了一种空间感知的分层协作深度学习模型（spatial-aware hierarchical collaborative deep learning model，SH-CDL），该模型使用深度学习方法从个人的兴趣点中提取个人偏好，然后利用协同过滤的方法分析个人偏好的内在关联关系以完成推荐，在一定程度上缓解了冷启动问题。Ma 等（2018）利用自动编码机融合地理位置提出了提升特征提取精度的多维注意力机制，使得模型能够获取到更多的隐藏特征以缓解数据稀疏问题。Zheng 等[1]为了有效提升稀疏数据的利用率，提出了深度协作神经网络（deep cooperative neural network，DeepCONN）方法，该方法利用并列的 2 个卷积神经网络，分别从非结构化的文本内容中提取用户和项目的隐藏特征，利用传统推荐系统从用户和项目的隐藏特征中构建它们之间的关联，并根据关联完成推荐，解决了传统推荐系统的特征提取过度依赖人工的问题。

此外，推荐算法在后续的发展中通过设计用户、项目之间特征的交叉方式，进行深度推荐模型的演变，如基于神经网络的协同过滤（neural network based collaborative filtering，NCF）模型、以产品为基础的神经网络（product-based neural network，PNN）模型等；模型组合：通过特定的网络结构或者线性链接方式将多种模型进行组合，如 Wide&Deep 模型以及使用十字交叉网络的知识图谱增强的多任务学习推荐（multi-task learning for KG enhanced recommendation，MKR）模型；基于 FM 模型的改进推荐算法：对特征交叉的模型进行更改，如结合视觉信息混合推荐模型、基于短语与情感分析的显式因子推荐（explicit factor recommendation，EFR）模型以及用于预测分析的场感知因子分解机中的自动特征工程（auto feature engineering in field-aware factorization machines for predictive analytics，AFFM）模型；引入注意力机制，在结果输出之前，进行注意力权重的分配，提升推荐准确性（Bhumika and Das，2022）；融合序列模型：使用序列模型模拟用户行为或用户兴趣的演化趋势，如深度兴趣进化网络（deep interest evolution

① Zheng L, Noroozi V, Yu P S. 2017. Joint deep modeling of users and items using reviews for recommendation. Proceedings of the Tenth ACM International Conference on Web Search and Data Mining: 425-434.

network，DIEN）模型；结合强化学习：提升模型的在线学习效率和实时更新速度，如深度强化学习网络（deep reinforcement learning network，DRN）模型；结合辅助信息的深度模型：在不同的深度学习模型中加入不同领域的信息挖掘技术，如融合自然语言处理技术，将文本信息进行挖掘，如面向新闻推荐的深度知识感知网络（deep knowledge-aware network for news recommendation，DKN）模型，通过图像识别技术，将海报、图片、头像信息融入推荐系统中；图结构化信息推荐：由于推荐系统的输入数据可以二部图、知识图谱形式进行表示，所以可以通过图像挖掘技术进行深度推荐。

5.3　微地图推荐系统

在实际系统中，如何设计一个适用于微地图传播的推荐系统，并根据不同的微地图数据类型设计算法继而融合到一个系统中是本节讨论的主要问题。本节将首先介绍微地图推荐系统的可推荐项目，进而介绍推荐系统的系统框架，并对架构中每个模块的设计进行深入讨论，最后阐述微地图推荐系统的评价标准。

5.3.1　微地图可推荐项目

微地图作为大众制图平台，其可推荐项目可包含业务推荐项目与非业务推荐项目。其中，业务推荐项目主要包括传统地理信息数据（如矢量数据、栅格数据），非业务推荐项目则为地图平台中与微地图制图、传播相关的数据（如用户信息、标题、标签等）。二者在微地图推荐系统中有着相同的可推荐地位，为微地图平台用户提供更为个性化、专业化的推荐服务。

5.3.2　微地图推荐系统框架

根据前文的介绍，可以设计一种基于特征的推荐系统架构。常规推荐系统的拉姆达架构如图 5-4 所示，当用户到来后推荐系统需要为用户生成特征，然后对每个特征找到与其相关的物品，从而最终生成用户的推荐列表。因此，推荐系统的核心任务就被拆解成两部分，一个是如何为给定用户生成特征，另一个是如何根据特征找到物品。由此，结合微地图的传播特性，微地图推荐系统的架构可如图 5-5 所示。

微地图推荐系统的整体架构可分为三部分。

1. 数据存储

微地图推荐系统需要大量的用户和物品数据来进行推荐计算，因此微地图数据的收集与存储是个性化推荐系统的基础。需收集的数据包括用户信息、用户行为数据和物品属性数据等。

（1）用户信息：用户信息是个性化推荐系统中最基本的数据之一，包括用户的基本信息、兴趣爱好、性别、年龄等。这些信息可以通过用户在注册并使用微地图平台时获取，并记录于微地图数据库中。

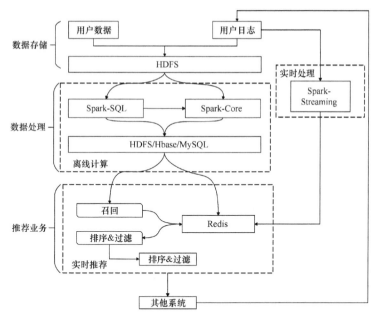

图 5-4　推荐系统拉姆达架构

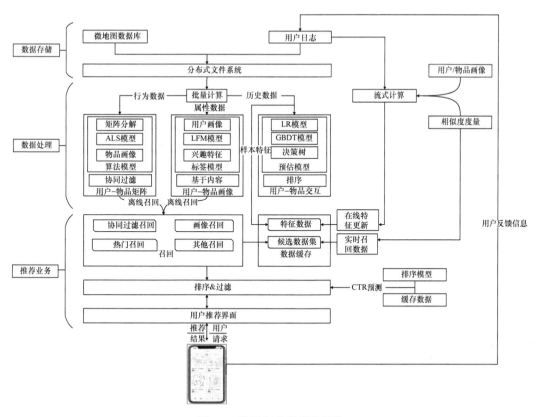

图 5-5　微地图推荐系统架构

（2）用户行为数据：用户行为数据是指用户在使用微地图推荐系统过程中产生的各种行为数据，如浏览记录、收藏记录、评分记录、分享记录等。这些数据可以通过前端页面的埋点或者后台日志的记录来获取。

（3）物品属性数据：物品属性数据是用于描述物品特征的数据，即微地图的类别、风格、标签以及其他地图信息等。这些数据在微地图平台中由地图作者标注（或其他用户标注），也可以采用由平台审核（专业）人员进行手动标注的方式记录于微地图数据库中。

以上数据收集完成后，需要将数据存储于分布式文件系统中以便后续的处理和计算。常见的数据库类型包括关系型数据库、非关系型数据库和分布式文件系统等。微地图推荐系统的完整框架如图 5-6 所示。

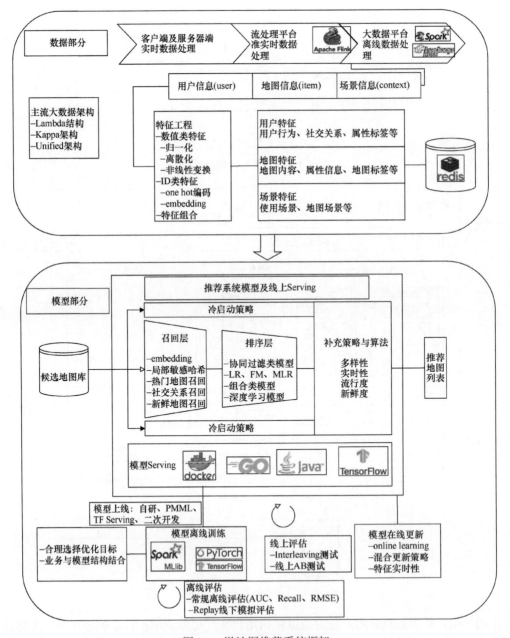

图 5-6　微地图推荐系统框架

2. 数据处理

微地图推荐系统需要对收集到的用户和物品数据进行处理和计算，以得出最相关的推荐结果。数据的处理与计算包括数据清洗与预处理、特征提取与表示、相似度计算等。

（1）数据清洗与预处理：数据清洗与预处理是个性化推荐系统中的重要环节，目的是去除噪声和异常数据，提高数据的质量和准确性。常见的数据清洗与预处理方法包括去重、缺失值处理、异常值处理等。

（2）特征提取与表示：特征提取与表示是指将用户和物品数据转化为可计算的特征向量的过程，即对用户的行为数据与历史数据进行特征提取。常见的特征提取与表示方法包括独热编码、TF-IDF、Word2Vec 等。

（3）相似度计算：相似度计算是推荐系统中的核心技术之一，用于衡量用户与物品之间的相似度。常见的相似度计算方法包括余弦相似度、欧氏距离、皮尔逊相关系数等。

数据的处理与计算需要借助计算平台和工具来实现。常见的计算平台和工具包括 Hadoop、Spark、TensorFlow 等。

3. 推荐业务

（1）用户画像分析：用户画像分析是通过挖掘用户的兴趣爱好、行为习惯等特征，对用户进行精细化的描述和刻画。常见的用户画像分析方法包括聚类分析、关联规则挖掘等。

（2）推荐算法：协同过滤算法是个性化推荐系统中应用最广泛的算法之一，主要基于用户的历史行为和其他用户的行为进行推荐。常见的协同过滤算法包括基于用户的协同过滤、基于物品的协同过滤等。内容推荐算法是根据用户的兴趣和物品的属性进行推荐的算法，主要基于物品的特征和用户的偏好进行匹配。常见的内容推荐算法包括基于内容的推荐、基于标签的推荐等。

数据的挖掘和建模需要借助机器学习和深度学习等技术来实现。常见的机器学习和深度学习算法包括决策树、支持向量机、神经网络等。

5.3.3　微地图推荐系统的评测

在掌握正确的离线评估方法的基础上，要评估一个推荐模型的好坏，需要通过不同指标并从多个角度评价推荐系统，从而得出综合性的结论。以下是在微地图推荐系统离线评估中使用较多的评估指标。

1. 准确率

分类准确率（accuracy）是指分类正确的样本占总样本个数的比例，即

$$accuracy = \frac{n_{correct}}{n_{total}} \tag{5-1}$$

式中，$n_{correct}$ 为被正确分类的样本个数；n_{total} 为总样本个数。

虽然其具有较强的可解释性，但也存在明显的缺陷：当不同类别的样本比例非常不

均衡时，占比大的类别往往成为影响准确率的最主要因素。例如，如果负样本占99%，那么分类器把所有都预测为负样本也可以获得99%的准确率。

如果将推荐问题看作一个点击率预估式的分类问题，那么在选定一个阈值划分正负样本的前提下，可以用准确率评估推荐模型。而实际的推荐场景中，更多的是利用推荐模型得到一个推荐序列，因此更多地使用精确率和召回率这一对指标来衡量推荐结果的好坏。

2. 精确率与召回率

精确率（precision）是分类正确的正样本个数占分类器判定为正样本的样本个数的比例，召回率（recall）是分类正确的正样本个数占真正的正样本个数的比例。排序模型中，通常没有一个确定的阈值把预测结果直接判定为正样本或负样本，而是采用 TopN 排序结果的精确率（precision@N）和召回率（recall@N）来衡量排序模型的性能，即认为模型排序的 TopN 的结果就是模型判定的正样本，然后计算 precision@N 和 recall@N。

精确率和召回率是矛盾统一的两个指标：为了提高精确率，分类器需要尽量在"更有把握时"把样本预测为正样本，但往往会因过于保守而漏掉很多"没有把握"的正样本，导致召回率降低。

为了综合地反映精确率和召回率的结果，可以使用 F1 分数，F1 分数是精确率和召回率的调和平均值，其定义如式（5-2）所示：

$$F1\text{-score} = \frac{2 \times \text{precision} \times \text{recall}}{\text{precision} + \text{recall}} \tag{5-2}$$

3. 均方根误差

均方根误差（root mean square error，RMSE）经常被用来衡量回归模型的好坏。使用点击率（click-through rate，CTR）预估模型构建推荐系统时，推荐系统预测的其实是样本为正样本的概率，那么就可以用 RMSE 来评估，其计算公式如式（5-3）所示：

$$\text{RMSE} = \sqrt{\frac{\sum_{i=1}^{n} (y_i - \hat{y}_i)^2}{n}} \tag{5-3}$$

式中，y_i 为第 i 个样本点的真实值；$\hat{y}_i$ 为第 i 个样本点的预测值；n 为样本点的个数。

一般情况下，RMSE 能够很好地反映回归模型预测值与真实值的偏离程度。但在实际应用时，如果存在个别偏离程度非常大的离群点，那么即使离群点数量非常少，也会使 RMSE 指标变得很差。为解决这个问题，可以使用鲁棒性更强的平均绝对百分比误差（mean absolute percent error，MAPE）进行类似的评估。MAPE 的计算公式如式（5-4）所示：

$$\text{MAPE} = \sum_{i=1}^{n} \left| \frac{y_i - \hat{y}_i}{y} \right| \times \frac{100}{n} \tag{5-4}$$

相比于 RMSE，MAPE 相当于把每个点的误差进行了归一化，降低了个别离群点带来的绝对误差的影响。

4. 对数损失函数

对数损失（logarithmic loss，LogLoss）函数也是经常在离线评估中使用的指数，在一个二分类问题中，对数损失函数的计算公式如式（5-5）所示：

$$\text{LogLoss} = -\frac{1}{N}\sum_{i=1}^{N}\Big[y_j \log P_i + (1-y_i)\log(1-P_i)\Big] \tag{5-5}$$

式中，y_j 为输入实例 x_i 的真实类别；P_i 为预测输入实例 x_i 是正样本的概率；N 为样本总数。

对深度学习有所了解的读者会发现，对数损失函数就是逻辑回归的损失函数，而大量深度学习模型的输出层正是逻辑回归或归一化指数函数（softmax），因此采用对数损失函数作为评估指标能够非常直观地反映网络模型损失函数的变化。从所选推荐算法为深度学习模型的角度来说，对数损失函数是非常适合观察模型收敛情况的评估指标。

5.4　微地图推荐系统的关键技术

随着互联网的发展，自媒体信息同样也出现爆炸式的增长，微地图的传播作为自媒体的一种，在考虑传播时同样也面临诸多的挑战与难题。本节将介绍微地图推荐系统技术研究中的关键技术和所遇到的问题。

5.4.1　微地图数据的存储管理

数据是任何地理信息系统最重要的组成部分，是系统功能得以实现的基础和关键。微地图数据主要包括基础地理数据、地图制作数据（如文字、轨迹等）、地图数据、地图符号、基本用户信息、评论数据、用户历史行为数据。地图制作数据（如文字、轨迹等）、地图数据、地图符号、基本用户信息、评论数据、用户历史行为的整合得以高效、准确地进行，必须按照一定的标准对上述六类数据分别加以处理，并通过建立相应的数据标准，使得存储的数据更加规范化、标准化，为系统功能的实现、以后对数据的更新、新数据的生产打下坚实的基础。

空间数据标准的制定主要考虑基础地理数据类型和格式、原始地图资料比例尺大小、地图坐标系统、图层分层方式、各图层要素应具有的属性字段等规则。微地图平台空间数据标准建立后，将成为微地图平台空间数据的标准。

根据地图制作与传播平台和移动端平台的相关标准及规范，本节将设计较为完整的数据库，框架如图 5-7 所示。其中，将涉及的地图制作数据（如文字、轨迹等）、地图数据、地图符号、基本用户信息、评论数据、用户历史行为数据建库，实现数据整合，为满足微地图平台的各项服务建立数据库，并按照"数据仓库"的模式进行管理、检索和分析。

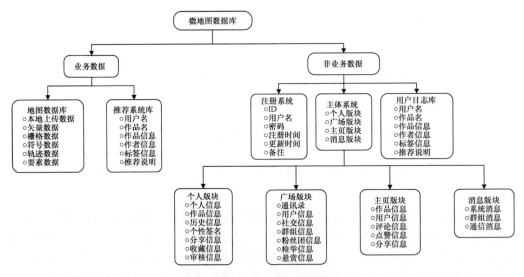

图 5-7 微地图数据存储示意图

空间数据库和非空间数据库是相同层次的，在逻辑结构上是相互独立的，各个库均包含属于自己数据类型的数据。因此，微地图数据的存储管理遵循以下原则。

1. 实用性原则

数据库系统管理的数据主要为信息系统的访问提供数据服务，信息系统模型是以用户业务为依据的，数据库的设计应与用户业务模型即信息系统的模型相一致。数据库的设计以用户业务应用为基础，以简单性、实用性为原则进行数据库结构、关系数据库表格、视图、存储过程等对象的设计。

2. 完整性原则

数据库的完整性是指数据的正确性与相容性，涉及的各个业务实体必须具有完整的信息列，信息列之间的关系要保持完整性。各个业务实体间的关系也要保证其完整性。

关系数据库中，通过完整性约束条件保证数据的完整性，分为列级、元组级和关系级。其中，对列级的约束主要指对其取值类型、范围、精度、排序等的约束；对元组级的约束指记录中各个字段间的联系的约束；对关系级的约束是指对若干记录间、关系集合上以及关系之间的联系的约束。

3. 统一性与规范性原则

微地图平台数据库包含与地理信息相关的所有数据库，是对空间数据以及相关的属性数据进行整合，涉及的信息具有多样性、异构性、范围广等特点。数据库建设中，需要统一规划，保持数据库的统一性与规范性。

5.4.2 微地图推荐算法的研究难点

虽然人类在地图的制作技术上取得了巨大进步，地图的传播水平大大提升，传播方式也更加多样化，但是在地图的制作技术和地图信息的传播方式方面还有许多问题，导致地图服务于人类社会的潜力没有得到充分发挥。这些问题至少表现在以下三个方面。

1. 微地图推荐系统可行性的挑战

现阶段微地图产品推荐场景中，存在用户、物品数据稀疏问题，使得传统推荐算法无法高效率地为地图用户推荐不同类型的微地图产品，导致用户从微地图中获取偏好信息受到限制，从而产生严重的内容冷启动问题。

2. 微地图可持续性传播的挑战

随着移动互联网和智能手机的广泛应用，地理社交网络已经成为人们日常生活不可或缺的社交信息平台。因此，满足与群体以及群体活动相关的推荐服务需求越来越成为当前推荐系统中的重要任务。虽然目前已有大量研究来解决面向群体活动的群体推荐问题，但在群体推荐的研究中仍然存在一些问题。

3. 微地图个性化精准传播的挑战

现有推荐任务大多仅将用户的基础反馈信息作为最终的标签进行模型训练（如点击、浏览），鲜有研究能进一步挖掘用户、物品的其他反馈信息（如用户评论、地图的属性信息），并顾及二者的融合特征信息，导致其在映射到低维空间时应赋予的权重较难符合实际预期，从而导致推荐 TopN 结果准确率降低，无法满足用户个性化需求。

5.4.3　冷启动问题解决方案

冷启动问题是微地图快速、精准化传播的首要问题，因此本节设计了一个由内容协同模块和交互协同模块组成的对比协同过滤模型，该两个模块分别生成训练项的基于内容的协同嵌入和基于交互的协同嵌入，从而实现微地图冷启动推荐的可行性。在两个协同模块的联合训练中，本节对两种协同嵌入进行了对比学习，将交互信号间接转移到内容协同模块中，从而在应用阶段通过记忆的交互协同信号隐式地纠正模糊的协同嵌入。结合合理的理论分析，并通过公共数据集 Amazon-VG、MovieLens、Yelp 及微地图数据集 The-Wemaps 进行大量的试验设计，以验证本节所提模型有效解决推荐算法中协同嵌入模糊的问题的可行性，从而解决微地图推荐的冷启动问题，满足微地图传播中效率性、准确性的核心理念。

一般而言，微地图冷启动问题探索的核心思想是预测新地图（即冷启动物品）的亲和力，这些新地图与训练集中的用户没有或很少有交互信息。本节专注于推荐没有任何交互信息的冷启动地图，算法如图 5-8 所示，该算法更具挑战性和前瞻性。因此，在描述该算法之前，本节借助实际案例，详细表述微地图冷启动问题，并结合微地图应用场景阐述设计本节算法的必要性。

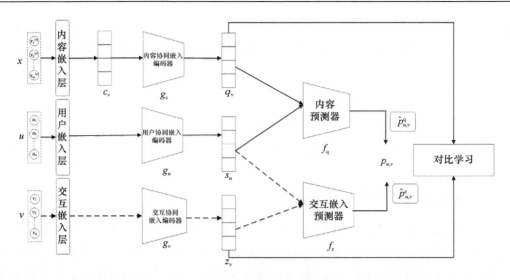

图 5-8 微地图冷启动算法

c_v：内容协同嵌入；g_c：内容协同嵌入编码器；g_u：用户协同嵌入编码器；g_v：交互协同嵌入编码器；x：物品（地图）信息序列；u：用户信息序列；v：交互信息序列；q_v：内容协同嵌入；s_u：用户协同嵌入；z_v：交互协同嵌入；f_q 内容预测器；f_z 交互嵌入预测器；$\hat{p}^q_{u,v}$：用户表征相似度；$\hat{p}^z_{u,v}$：物品表征相似度

我们以下面这个情景为例（图 5-9）：名称为"中心商业街一览"与"玩转中心商城"的微地图分别为正样本与负样本。现有推荐方法往往会将样本的地图类型、景点等特征信息进行编码，从而生成微地图的嵌入特征并以此构建推荐模型。然而，当负样本"玩转中心商城"图的特征信息传入已构建模型中时，其地图类型特征"商场地图"亦被编码并输入模型训练过程中，因此，在协同嵌入空间中"中心商业街一览"与"玩转中心商城"图的嵌入特征应当彼此收敛。然而，负样本"玩转中心商城"中的存在特征，使得二者的嵌入特征并未完全收敛，导致地图类型的嵌入特征离散。

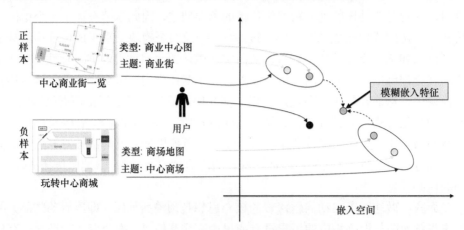

图 5-9 微地图冷启动问题案例

如果用户的确需要商业中心地图，而未选择负样本"玩转中心商城"图仅仅是因为不想去地点"中心商业街"，从而产生模糊嵌入，使得"主题"特征损失用户的实际偏好权重。此外，该结果亦将使正样本的嵌入特征偏离用户需求，而将负样本的嵌入特征

推向用户需求，最终使得算法模型在解决冷启动问题时效果不佳。

本节中 $O = \{o_{u,v}\}$ 是已获得的用户之间的交互信息集合，其中设 U 和 V 分别代表用户和物品，用户 $u \in U$，物品 $v \in V$。$V_u \subseteq V$ 是与用户 u 交互的物品集合；$U_v \subseteq U$ 是与物品 v 交互的用户集合。每个物品 v 都与由 m 个属性集合的 $\{x_1^{(v)}, x_2^{(v)}, \cdots, x_m^{(v)}\}$ 属性集相关，属性 X_v 可由 one-hot 向量（如地图作者）、multi-hot 向量（如地图类型）表示，或由实值向量（如图片）表示；$x_i^{(v)} \in R^{d \times 1}$ 表示 $x_i^{(v)}$ 第 i 个属性的嵌入，其中 d 表示嵌入维度，且 $1 \leq i \leq m$。

对于热训练数据集 $D = \{U, V, O\}$，$\hat{p}_{u,v} = \{R(u, v, X_v)\}$ 用于评估用户 u 与物品 v 交互的概率，其中任意样本对（$u^+ \in U_v$，$u^- \notin U_v$）在训练集中 $\hat{p}_{u^+,v} > \hat{p}_{u^-,v}$。

1. 基于内容的协同嵌入

首先，根据属性编码类型（如 one-hot 向量），生成训练集中物品 v 的属性嵌入 $\{x_i^{(v)}\}$（其中 $1 \leq i \leq m$），若编码类型为 one-hot 向量或 multi-hot 向量，则可以通过一个可学习的嵌入矩阵 $A_i \in R^{d \times |x_i^{(v)}|}$，即 $x_i^{(v)} = A_i x_i^{(v)}$；若编码类型为实值向量（如图片），则需要一个预训练好的网络模型（ResNet）进行提取。其次，根据属性嵌入 $\{x_i^{(v)}\}$ 生成内容嵌入 $c_v \in R^{md \times |}$。最后，如图 5-8 所示，将内容嵌入 c_v 输入内容协同嵌入编码器 g_c，从而得到内容协同嵌入 q_v，具体操作如式（5-6）所示：

$$q_v = g_c c_v \tag{5-6}$$

式中，g_c 为带有激活函数 LeakyReLU 的多层感知机（MLP），用以获取属性间的非线性关系。

2. 交互协同嵌入与用户协同嵌入

交互协同嵌入 z_v 用以编码不同用户对物品 v 的偏好信息，用户协同嵌入 s_u 则用以编码用户 u 对不同物品的偏好信息，二者皆可捕获出交互信息中所隐含的交互协同信号。因此，冷启动推荐算法用 multi-hot 向量 $a \in \{0,1\}^{|u| \times 1}$ 表示物品 v，若其中 $u \in U_v$，则第 u 阶的 $u(v) = 1$，否则 $u(v) = 0$；同理，该算法用 multi-hot 向量 $b \in \{0,1\}^{|v| \times 1}$ 表示用户 u，若其中 $v \in V_u$，则第 v 阶的 $v(u) = 1$，否则 $v(u) = 0$。

交互协同嵌入编码器 g_v 和用户协同嵌入编码器 g_u 在该算法的流程中被实现为嵌入矩阵列中的线性组合，具体如式（5-7）和式（5-8）所示：

$$z_v = g_v(v) = W_v V \tag{5-7}$$

$$s_u = g_u(u) = W_u U \tag{5-8}$$

式中，$W_v \in R^{d \times |u|}$ 与 $W_u \in R^{d \times |v|}$ 为可学习的嵌入矩阵。

3. 对比协同过滤

交互协同信号可有效减轻基于内容的协同嵌入模块中的信号模糊问题，因此该算法利用基于内容的协同嵌入模块捕获用户对物品的偏好信息，并利用交互协同嵌入获取交互数据中的交互协同信号。然而，由于基于内容的协同嵌入仅输入训练阶段的热启动数据，无法直接被编码，因此本节采用新策略训练对比协同模块，使其可以记忆参数中的交互协同信号，从而使对比协同模块可以在应用阶段中纠正冷启动物品的模糊信号。基于此目标，本节将内容协同嵌入 q_v 和交互协同嵌入 z_v 进行对比学习，并将 q_v、z_v 分别作为物品 v 的内容视图与行为视图。具体而言，在训练阶段中为了最大化不同物品视图间的交互信息，内容协同嵌入编码器 g_c 将会依据交互协同嵌入进行动态调整。换言之，对于训练物品 v，首先将某些用户与其交互过的部分作为正采样样本 $N_v^+ = \{ v^+ : U_v \cap U_v^+ \neq \varnothing \}$，以及负采样样本 $N_v^- = V / N_v^+$；其次，按照 InfoNCE 的思想，最大化 q_v 与 z_v^+ 的互信息，且最小化 q_v 与 z_v^- 的互信息，并定义对比损失函数如式（5-9）所示：

$$L_c = -E_{v \in D, v^+ \in N_v^+} \left[\ln \frac{\exp\left(\dfrac{\langle q_v, z_v^+ \rangle}{\tau} \right)}{\exp\left(\dfrac{\langle q_v, z_v^+ \rangle}{\tau} \right) + \Sigma_{v^- \in N_v^-} \exp\left(\dfrac{\langle q_v, z_v^- \rangle}{\tau} \right)} \right] \tag{5-9}$$

式中，$E_{v \in D, v^+ \in N_v^+}$ 为对于样本的期望损失；$\exp\left(\dfrac{\langle q_v, z_v^+ \rangle}{\tau} \right)$ 为指数函数，用于计算 softmax 函数中的权重；$\langle q_v, z_v^+ \rangle$ 为内积。

4. 交互预测

该算法的训练阶段中，将会分别调用预测器 f_q、f_z 对用户 u 与物品 v 之间的交互概率进行两次预测，即用预测器对用户、物品表征的相似度进行排序，具体方法如式（5-10）和式（5-11）所示：

$$\hat{p}_{u,v}^q = g_q(q_v, s_u) = \langle q_v, s_u \rangle \tag{5-10}$$

$$\hat{p}_{u,v}^z = g_q(z_v, s_u) = \langle z_v, s_u \rangle \tag{5-11}$$

对于训练物品 v，该算法首先将正样本用户 u^+（$u^+ \in V_u$）与从 V/V_u 中采样的负样本用户 u^- 一一配对，其次通过贝叶斯个性化排序（Bayesian personalized ranking，BPR）定义两个预测因子的损失函数，最后对二者进行联合训练。本方案所定义损失函数如式（5-12）和式（5-13）所示：

$$L_q = -\sum_{(v,u^+,u^-)\in D} \ln \sigma\left(\hat{p}^q_{u^+,v} - \hat{p}^q_{u^-,v}\right) \tag{5-12}$$

$$L_z = -\sum_{(v,u^+,u^-)\in D} \ln \sigma\left(\hat{p}^z_{u^+,v} - \hat{p}^z_{u^-,v}\right) \tag{5-13}$$

式中，σ 为 sigmoid 激活函数。

简而言之，两个协同模块在训练阶段可共享用户嵌入 s_u，并在同一监督条件下联合训练。因此，该算法也可视为一个多任务学习，并且提供了一致的优化目标，用以确保交互协同信号向内容协同模块的正向迁移。

5. 全局损失函数

该算法的全局损失函数定义如式（5-14）所示：

$$L = L_q + L_z + \lambda L_c + \|\Theta\| \tag{5-14}$$

式中，Θ 为可学习的参数；λ 为损失函数正则化参数。该算法中选择 Adam 模型作为优化器。

6. 实验数据

本研究将在三个公共数据集（MovieLens-20M、Amazon-VG、Yelp）以及一个地图数据集（The-Wemaps）进行实验。各个数据集的统计信息如表 5-1 所示。对于每一种数据，实验中将随机选取其中 70% 的数据作为训练集，15% 作为验证集，15% 作为测试集。其中，图像数据的嵌入信息由预训练好的 ResNet 模型所得。

表 5-1　实验数据统计信息

数据集	交互信息数	用户数	物品数	数据离散度/%
MovieLens-20M	19904260	138493	24003	0.598
Amazon-VG	475952	52965	35322	0.025
Yelp	182357	42712	26822	0.016
The-Wemaps	1308073	51499	3749	0.017

7. 评价方法

本研究采用点击率（hit ratio，HR）与归一化折现累积增益（normalized discounted cumulative gain，NDCG）两种被广泛采用的评估方法来检验本算法的效率。此外，本节选取现有性能表现优异的 6 个推荐算法与该算法进行对比试验，用以检验该算法实际性能。

对于一个测试项 v，生成其用户列表 l_v，则 v 的 HR 如式（5-15）所示：

$$HR = \frac{\sum u \in U_v \mathbb{R}\left[\mathrm{rank}(u,l_v)\leqslant k\right]}{k} \tag{5-15}$$

式中，$\mathrm{rank}(u,l_v)$ 为用户列表中用户的排序，并且若 $x\left[\mathrm{rank}(u,l_v)\leqslant k\right]$ 为正样本，则 $\mathbb{R}(x)=1$，否则 $\mathbb{R}(x)=0$；k 为推荐序列的长度。进而可知，平均点击率 HR@k 如式

（5-16）所示：

$$HR@k = \frac{1}{|D_t|} \sum_{v \in D_t} \frac{\sum u \in U_v \mathbb{R}\big[\mathrm{rank}(u, l_v) \leqslant k\big]}{k} \tag{5-16}$$

NDCG@k 的计算公式如式（5-17）所示：

$$NDCG@k = \frac{1}{|D_t|} \sum_{v \in D_t} \frac{1}{|U_v|} \sum_{u \in U_v} \frac{\mathbb{R}\big[\mathrm{rank}(u, l_v) \leqslant k\big]}{\log\big(1 + \mathrm{rank}(u)\big)} \tag{5-17}$$

8. 实验验证

本实验流程中，批量设定为 512，初始学习率设定为 0.0001。在 MovieLens-20M、Amazon-VG、Yelp、The-Wemaps 上，嵌入维度 d 分别设置为 128、256、256、256。为了加快对比学习过程，对于 MovieLens-20M 中的每个训练项，本实验抽取 10 个正样本和 40 个负样本，总共形成 400 个正负样本对；对于 Amazon-VG、Yelp 以及 The-Wemaps 中的每个训练项，本实验抽取 5 个正样本和 40 个负样本，总共形成 200 个正负样本对。在 MovieLens-20M 和 Amazon-VG 上，对比损失的平衡因子 λ^* 分别设置为 0.5 和 0.6；在 Yelp 和 The-Wemaps 上，对比损失的平衡因子 λ 分别设置为 0.5 和 0.4。式（5-9）中的参数 τ 设置为 0.1。为了使实验具有科学性与严谨性，对照组方法的超参数设置为在源实验验证集上的最优配置。

为更加直观地显示该算法的性能，本实验亦设置其他冷启动算法作为对照组，主要包括以下几种。

（1）偏置矩阵分解（bias matrix factorization，BiasMF）。该方法通过使用用户和物品偏差向量来增强矩阵分解（Rendle et al.，2012），以提升用户特定偏好。

（2）神经协同过滤（neural collaborative filtering，NCF）。该方法利用多层神经网络代替传统矩阵分解中的点积运算（He et al.，2016）。本节采用其改进版 NeuMF 模型进行比较实验。

（3）自动编码器协同过滤推荐（autoencoders meet collaborative filtering recommendation，AutoR）。该方法通过在行为重建任务下训练的三层自动编码器改进了用户/物品表示（Sedhain et al.，2015）。

（4）邻域丰富化对比学习（neighborhood-enriched contrastive learning，NCL）。该方法明确地将潜在邻居纳入对比对中，充分利用了对比学习在推荐中的潜力（Yu et al.，2022）。

（5）简化图对比学习（simple graph contrastive learning，SimGCL）。该方法提出了一种简单的对比学习方法，不再进行图形增强，而是以在嵌入空间中添加均匀噪声的方式创建对比视图，从而简化对比学习推荐模型训练的复杂度（Lin et al.，2022）。

（6）基于对比学习的冷启动推荐（contrastive learning-based cold-start recommendation，CLCREC）。CLCREC 是一种基于对比学习的冷启动推荐模型，该模型通过对物品的行为视图和内容视图进行对比学习，增强了冷启动物品的行为特征[①]。

---

① Wei Y, Wang X, Li Q, et al. 2021. Contrastive learning for cold-start recommendation. Proceedings of the 29th ACM International Conference on Multimedia: 5382-5390.

以多次实验的 HR@k 和 NDCG@k 评分来衡量各个模型的推荐效果, 表 5-2 和表 5-3 给出了各个模型在测试集上的评分预测性能对比结果。

表 5-2　各个模型性能对比结果（Amazon-VG 与 MovieLens-20M）

数据集	模型	HR@10	HR@20	HR@40	NDCG@5	NDCG@10	NDCG@20
Amazon-VG	BiasMF	0.0671	0.0567	0.0383	0.0733	0.0847	0.1319
	NCF	0.0985	0.0785	0.0399	0.0921	0.113	0.1303
	AutoR	0.1636	0.1291	0.0454	0.1323	0.1518	0.2147
	NCL	0.1822	0.1704	0.0564	0.1952	0.2331	0.2221
	SimGCL	0.1863	0.1762	0.0601	0.1959	0.2308	0.2347
	CLCREC	0.1959	0.1782	0.0658	0.2221	0.2399	0.2417
	*Ours	**0.2048**	**0.1779**	**0.0862**	**0.2372**	**0.2378**	**0.2733**
MovieLens-20M	BiasMF	0.1166	0.0866	0.0696	0.1842	0.1979	0.2121
	NCF	0.1203	0.0984	0.0729	0.2131	0.2177	0.2214
	AutoR	0.1325	0.1198	0.0816	0.2301	0.2323	0.2299
	NCL	0.1757	0.1274	0.1102	0.2465	0.2544	0.2401
	SimGCL	0.1753	0.1459	0.1116	0.2568	0.2671	0.2633
	CLCREC	0.2188	0.1891	0.1368	0.3021	0.3148	0.3273
	*Ours	**0.2489**	**0.1921**	**0.1592**	**0.3898**	**0.4017**	**0.4104**

注：HR@k 和 NDCG@k 分别为点击率与归一化折现累计增益；k 表示推荐序列的长度。下同。

表 5-3　各模型性能对比结果（Yelp 与 The-Wemaps）

数据集	模型	HR@10	HR@20	HR@40	NDCG@10	NDCG@20	NDCG@40
Yelp	BiasMF	0.0417	0.0398	0.0141	0.0198	0.0331	0.0307
	NCF	0.0489	0.0434	0.0187	0.0304	0.0436	0.0487
	AutoR	0.0511	0.0522	0.0243	0.0492	0.0571	0.0677
	NCL	0.0551	0.0573	0.0298	0.0761	0.0823	0.0875
	SimGCL	0.0618	0.0595	0.0331	0.0788	0.0739	0.0912
	CLCREC	0.0759	0.0682	0.0458	0.1199	0.1139	0.1021
	本节算法	**0.0899**	**0.0714**	**0.0566**	**0.1203**	**0.1137**	**0.1259**
The-Wemaps	BiasMF	0.0221	0.0191	0.0157	0.0343	0.0245	0.0307
	NCF	0.0309	0.0259	0.0204	0.0531	0.0299	0.0487
	AutoR	0.0397	0.0277	0.0238	0.0638	0.0381	0.0677
	NCL	0.0463	0.0301	0.0251	0.0649	0.0539	0.1175
	SimGCL	0.0551	0.0636	0.0415	0.0703	0.0731	0.1212
	CLCREC	0.0847	0.0831	0.0699	0.1071	0.1368	0.1791
	本节算法	**0.1187**	**0.1053**	**0.0811**	**0.1152**	**0.1497**	**0.1949**

结果表明, 与传统协同过滤框架推荐（BiasMF、NCF、AutoR）方法相比, 本节所提算法的实验结果均表现优秀, 说明本节所提出的推荐方法因其对比协同过滤的优越性, 在训练时通过将交互协同信号转移到内容协同模块中, 纠正了模糊的协同嵌入, 从而增强了冷启动物品的协同嵌入。

从表 5-2 和表 5-3 中可以明显看出，对比学习显著改善了现有的协同过滤框架推荐方法（如 NCL、SimGCL、CLCREC）。这些改进主要归功于增加了对比学习策略，该策略基于输入数据本身，为参数学习提供了有益的正则化。具体来说，SimGCL 采用了随机数据增强来构造多个数据视图，并进行对比学习，以从损坏的视图中捕获不变的特征。然而，该方法仅通过随机数据增强生成对比视图，造成了信息的损失。此外，SimGCL 并未采取图形增强操作，而是添加均匀噪声来创建对比视图，这也会存在相同的问题。NCL 通过将潜在邻居加入对比对，生成对比视图，使视图更为合理。但是，对于某些图表来说，加入潜在邻居可能过于严格，因为这是一个强制性的约束。对于引入对比学习策略的方法（CLCREC 和本节介绍的冷启动推荐算法）而言，其在 4 个数据集上的表现均优于其他方法，这是因为对比学习可以引入更多的特征信息生成协同嵌入特征。然而，本节算法明显优于 CLCREC，尤其在 Amazon-VG 与 The-Wemaps 数据集上。这是因为与本节算法相比，CLCREC 方法将对比学习限制在训练物品 v 本身的视图上，进一步而言，CLCREC 将对比范围扩大到训练集中物品信息的多阶邻居（与 v 一同和某些用户交互的物品）。

相较于以上方法，本节所提出的算法有三个优点。

（1）本节算法不依赖随机数据增强来生成对比视图，避免了冗余信息的产生，使得数据重要特征得以保存并提高了训练效率。

（2）对于嵌入空间中的协同嵌入模糊问题，本节算法采用两种模块分别生成物品内容协同嵌入、交互协同嵌入。两个协同模型的联合训练过程中，通过对两个协同嵌入的对比学习，使内容协同模块学习到协同信号，从而在应用阶段纠正模糊协同嵌入。

（3）本节算法通过对比学习框架最大化协同嵌入特征与交互嵌入特征的互信息，并利用热数据中的交互协同信号来缓解冷启动物品推荐的嵌入模糊问题。此外，对比试验的结果也显示了优越性能，验证了本节所设计的自监督学习范式的有效性。

从表 5-2 和表 5-3 的结果可知，本节所提出的用于微地图产品推荐场景的冷启动推荐算法，在地图评分实验数据集和验证数据集上的评分预测精度均优于 6 种对比组推荐模型，且推荐性能均有所提升。

（1）与 MovieLens-20M 相比，Amazon-VG、Yelp 和 The-Wemaps 上所有方法的性能都有所下降，这表明后三种数据集的极端稀疏性影响了高质量协同嵌入的学习效果，从而导致评价结果整体偏低。

（2）本节算法的评价结果显示，即使在稀疏性更严重的数据集 Yelp 与 The-Wemaps，相比于 MovieLens-20M 数据集的测试结果已取得平均 10% 的性能提升。该结果表明，本节算法对稀疏训练数据集具有较好的适应性，这是因为对于同一个训练物品，本节算法所包含的对比协同思想同时利用了物品的内容视图和行为视图，从而有效缓解了稀疏性问题。

（3）相较于 MovieLens-20M 数据集，本节算法对地图数据集 The-Wemaps 的冷启动推荐性能提升效果最为明显（超过测试性能 20%）。换言之，本节算法除对稀疏数据适应良好外，对地图数据本身的协同嵌入生成的效果更佳，并且相比于传统冷启动推荐方法，本节算法对用户和地图的潜在特征有更好的学习能力。

9. 消融实验

为了验证对比交互协同信号对推荐模型的影响，本节设计了一个消融实验，即移除本节算法中的对比协同模块，并将其推荐性能与完整模型进行比较，如果性能显著下降，则表明本节所提出的利用交互协同信号对模糊协同嵌入的修正对模型的性能提升至关重要。

具体而言，本实验将移除全局损失函数公式［式（5-14）］中的 L_c 进而进行模型训练，并以 The-Wemaps 数据集作为测试对象。

消融实验结果如图 5-10 所示，可以看出本节算法的原始模型的表现一直优于已移除对比协同模块的算法模型。具体而言，当推荐序列长度为 40 时，后者性能下降幅度明显，由此可以得出以下结论。

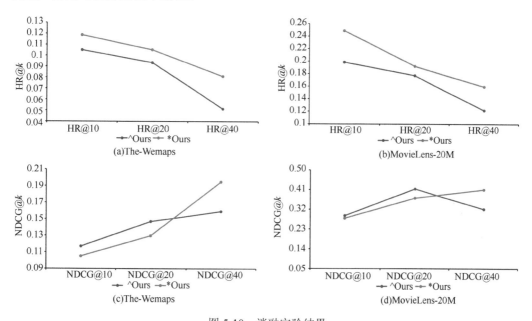

图 5-10　消融实验结果

*Ours（橘色）表示本节所介绍的冷启动推荐算法；^Ours（蓝色）表示移除对比协同模块的消融实验组

（1）完整模型（*Ours）的测试结果优于消融组（^Ours），从而可证明本节所提出的算法确实可以有效解决微地图数据推荐的冷启动问题。

（2）含对比协同模块的模型可以在较稀疏的数据集上实现更大的改进，这是因为其扩展了对比性范围，从中可以看出用户对物品内容的偏好可以被更准确地捕捉到。

（3）从依据高离散度数据集 The-Wemaps 的测试结果来看，通过 ResNet 网络所提取的嵌入特征为基于内容协同的嵌入模块提供了优质的训练基础，使得地图数据集 The-Wemaps 也达到不亚于公共数据集的推荐效果。

5.4.4　微地图推荐算法研究

1. 顾及视图增强信号的微地图冷启动推荐方法

为研究微地图数据稀疏性的问题，本节拟将交互数据视为用户–地图二象图。现有推荐算法在基于 GNN 的协同过滤方法中采用图对比学习（graph contrast learning，GCL）来提高性能，大多数 GCL 方法包括数据增强和对比损失（如 InfoNCE）。GCL 方法通过手工制作的图增强来构造对比对，并将同一节点的不同视图与其他节点的视图之间的一致性最大化，这被称为 InfoMax 原则。然而，不恰当的数据扩充会影响 GCL 的性能。InfoMin 原则即良好的视图集共享最少的信息，并为设计更好的数据增强提供指导。因此，本节拟提出一种新的数据增强方法，即边缘操作，包括边增加和边下降。然后，在 InfoMin 原则的指导下，设计出一种新的理论指导对比学习框架。本节方法包括数据增强与 GCL 两个部分，分别遵循 InfoMin 和 InfoMax 原则，优化对比损失函数，以学习数据增强和用户与项目的有效表示。

2. 顾及社交感知和应用场景的微地图推荐方法

使用自监督图表示学习（self-supervised graph learning，SGL）的社交推荐，通过将用户–用户社交关系与用户–地图交互融合来学习表示冷启动用户，从而缓解与推荐系统相关的冷启动问题。尽管很好地适应了社交关系和用户–地图交互，但这些监督模型仍然容易受到流行度偏差的影响。现有研究采用对比学习思想，通过识别区分正样本和负样本的属性来帮助解决这一难题，然而在其与推荐系统的组合中，未考虑样本信息的上下文中的社交关系和冷启动案例。此外，已有研究成果主要关注用户和物品之间的协作功能，未充分利用物品之间的相似性。因此，本研究拟提出用于冷启动推荐的社交感知对比学习，其中，冷启动用户可以用与常量用户相同的方式建模。

为了充分利用社交关系，本研究拟根据每个不同的以用户地图对的形式聚合来自不同邻居的信息，为每个用户创建动态节点嵌入，并进一步设计双分支自监督对比目标，以分别考虑用户–地图协作特征和地图–地图互信息。本节方案框架在对比学习中通过适当的负采样消除了流行度偏差，而无须额外的真实监督；本研究扩展了以前的对比学习方法，为包含社交关系的冷启动问题提供解决方案。

3. 基于多模态数据融合的自适应微地图推荐方法

现有推荐任务大多仅将用户的基础反馈信息作为最终的标签进行模型训练（如点击、浏览），鲜有研究能进一步挖掘用户、物品的其他反馈信息（如用户评论、地图的属性信息），并顾及二者结合后的融合特征信息。因此，本节将用户数据（反馈信息）与地图数据进行多模态数据融合，通过不同特征集的互补融合，联合学习各个模态数据的潜在共享信息，构建符合微地图数据的地图推荐模型，进而提升微地图推荐任务的有效性。

5.5 本 章 小 结

本章从微地图传播特点和微地图推荐系统的功能出发，介绍了微地图的个性化传播以及传播方法——推荐算法。首先从微地图传播的四个问题出发，对地图的传播方式进行分析并结合微地图的理念，介绍推荐系统关键技术；接着探索微地图数据与用户交互行为的关联特征，搭建微地图推荐系统的框架，并利用热数据中的交互协同信号修正模糊协同嵌入问题。具体而言，针对冷启动数据的核心问题设计了一个对比学习协同过滤框架，该框架由内容协同模块与交互协同模块组成，并由二者分别生成训练项的内容协同嵌入、交互协同嵌入。两个协同模型的联合训练过程中，通过对两个协同嵌入进行对比学习，使内容协同模块学习到协同信号，从而在应用阶段纠正模糊协同嵌入。通过在公共数据集以及微地图数据集上进行实验和理论分析，验证了本章所设计算法对解决微地图推荐冷启动问题的优越性，并证明所提出的算法实现了微地图的推荐，解决了微地图传播中的冷启动问题。

参 考 文 献

方金凤, 孟祥福. 2022. 基于 LBSN 和多图融合的兴趣点推荐. 测绘学报, 51(5): 739-749.

郝敏敏. 2010. 1601 年中华古地图的历史分水线. 地图, (3): 56-61.

刘纪平, 张志然, 杨超伟, 等. 2022. 城市街区和签到数据结合的个性化城市兴趣区域推荐方法. 测绘学报, 51(8): 1797-1806.

刘沛兰, 胡毓钜. 2001. 普及地图知识提高国民空间认知水平. 测绘通报, (2): 12-13.

龙恩, 吕守业, 岑鹏瑞, 等. 2023. 顾及用户画像的多源遥感信息智能推荐方法. 测绘学报, 52(2): 297-306.

孟立秋. 2017. 地图学的恒常性和易变性. 测绘学报, 46(10): 1637-1644.

牛汝辰. 2004. 清代测绘科技的辉煌及其历史遗憾. 测绘科学, 29(7): 20-22.

谭永滨, 李小龙, 程朋根, 等. 2021. 顾及距离约束的地标相对影响力评价模型. 测绘学报, 50(12): 1663-1670.

童兵, 陈绚. 2014. 新闻传播学大辞典. 北京: 中国大百科全书出版社.

汪季贤, 陶丹. 2001. 地图的传播特性研究. 编辑学报, (2): 73-74.

王家耀. 2014. 地图学原理与方法. 北京: 科学出版社.

闫浩文, 张黎明, 杜萍, 等. 2016. 自媒体时代的地图: 微地图. 测绘科学技术学报, 33(5): 520-523.

余定国. 2010. 中国地图学史. 北京: 北京大学出版社.

张春华. 2013. "传播力"评估模型的构建及其测算. 新闻世界, (9): 211-213.

张剑, 闫浩文, 王海鹰. 2020. 多维情景下的微地图用户分析. 测绘科学, 45(7): 148-153, 180.

张莉琴, 万春晖. 2014. 自媒体的传播特征与公民媒介素养的提升. 今传媒, (13): 49-50.

张清浦. 1987. 国外触觉地图的发展现状. 测绘科技动态, (6): 38-42.

郑束蕾, 陈毓芬, 杨春雷, 等. 2015. 地图个性化认知适合度的眼动试验评估. 测绘学报, 44(S1): 27-35.

周成虎. 2014. 全息地图时代已经来临——地图功能的历史演变. 测绘科学, 39(7): 3-8.

Bhumika, Das D. 2022. MARRS: A framework for multi-objective risk-aware route recommendation using multitask-transformer. Seattle: Proceedings of the 16th ACM Conference on Recommender Systems: 360-368.

Guo H, Tang R, Ye Y, et al. 2017. DeepFM: A factorization-machine based neural network for CTR prediction. Melbourne: Proceeding of the 26th International Joint Conference on Artificial Intelligence: 1725-1731 .

Harley B J. 2002. Maps, knowledge and power//Laxton P. The New Nature of Maps: Essays in the History of Cartography. London: Johns Hopkins University Press.

He K, Zhang X, Ren S, et al. 2016. Deep residual learning for image recognition. Honolulu: Proceedings of the IEEE Conference on Computer Vision and Pattern Recognition: 770-778.

Koren Y, Bell R, Volinsky C. 2009. Matrix factorization techniques for recommender systems. Computer, 42(8): 30-37.

Lin Z, Tian C, Hou Y, et al. 2022. Improving graph collaborative filtering with neighborhood-enriched contrastive learning. Lyon: Proceedings of the ACM Web Conference: 2320-2329.

Ma C, Zhang Y, Wang Q, et al. 2018. Point-of-interest recommendation: Exploiting self-attentive autoencoders with neighbor-aware influence. Torino: Proceedings of the 27th ACM International Conference on Information and Knowledge Management: 697-706.

Murray J S. 2009. Blueprinting in the history of cartography. The Cartographic Journal, 46(3): 257-261.

Oord A, Li Y, Vinyals O. 2018. Representation learning with contrastive predictive coding. arXiv preprint arXiv: 1807.03748.

Park J S, Chen M S, Yu P S. 1995. An effective hash-based algorithm for mining association rules. San Jose: Proceedings of the ACM-SIGMOD Conference: 175-186.

Park M, Lee K. 2022. Exploiting negative preference in content-based music recommendation with contrastive learning. Seattle: Proceedings of the 16th ACM Conference on Recommender Systems: 229-236.

Rendle S, Freudenthaler C, Gantner Z, et al. 2012. BPR: Bayesian personalized ranking from implicit feedback. arXiv preprint arXiv: 1205.2618.

Sedhain S, Menon A K, Sanner S, et al. 2015. Autorec: Autoencoders meet collaborative filtering. Florence: Proceedings of the 24th International Conference on World Wide Web: 111-112.

Toivonen H. 1996. Sampling large databases for association rules. Mumbai: Proceedings of the 22nd International Conference on Very Large Data Bases: 134-145.

Veres M V. 2012. Putting transylvania on the map: Cartography and enlightened absolutism in the Habsburg Monarchy. AHY 43: 141-164.

Vrijenhoek S, Bénédict G, Gutierrez G M, et al. 2022. RADio-Rank-Aware divergence metrics to measure normative diversity in news recommendations. Seattle: Proceedings of the 16th ACM Conference on Recommender Systems: 208-219.

Yin H, Wang W, Wang H, et al. 2017. Spatial-aware hierarchical collaborative deep learning for POI recommendation. IEEE Transactions on Knowledge and Data Engineering, 29(11): 2537-2551.

Yu J, Yin H, Xia X, et al. 2022. Are graph augmentations necessary? Simple graph contrastive learning for recommendation. Madrid: Proceedings of the 45th International ACM SIGIR Conference on Research and Development in Information Retrieval: 1294-1303.

Zhou X, Tian J P, Deng J, et al. 2021. A smart tourism recommendation algorithm based on cellular geospatial clustering and multivariate weighted collaborative filtering. ISPRS International Journal of Geo-Information, 10(9): 628.

第6章　微地图应用

微地图的应用范围极其广泛。例如，根据用户回忆制作的微地图帮助警察捣毁犯罪窝点，熟悉路况的人快速绘制微地图解救被围堵于泥石流中的人们，离乡数十年的几个人协作绘制家乡地图以找到自己的故乡等。本章从分析微地图与用户寻路的关系开始，通过构建微地图情绪地标，结合地标辅助绘图方法，展示微地图辅助用户日常寻路的实例，以及用户使用情绪地标记录自己足迹的具体应用；另外，面向弱方向感大众（individuals with limited spatial orientation skills，ILSOS）设计了辅助他们寻路的方向模型，提供了微地图导航辅助寻路的应用实例，分析了在不同参考框架驱动下进行导航辅助的可行性，并且辅助规划出具有安全感和舒适度的街道路线；最后通过灾害救援的实例，展示了微地图在辅助寻路和规划救援道路方面的应用。地标辅助用户寻路、设计寻路的方向模型、规划最佳救援路线等是微地图中极其关键的应用，本章主要围绕这些方面阐述微地图的应用。

6.1　微地图与用户寻路的关系

寻路是人类利用自己对空间的认知、理解，沿着道路上能够判断前进方向、所处位置和周围环境的标识（如路标、建筑物和自然地物、人文景观等），不断向目的地移动、最终越来越接近并抵达目的地的过程。在早些时期，人类通过借助河流、山脉、草地等自然地物表达、描述并绘制路径，记录从一个地点（即初始地）到另一个地点（即目的地）的方向和位置。

然而，人类寻路的载体随着科技的进步发生了变化，很少有人继续主动记录江河湖海、山脉、森林和草原荒漠等自然地物，而是打开手机地图进行导航寻路（何阳，2022）。手机地图提供的导航服务，极大程度上方便了我们的日常生活。然而，这类导航系统的重点在于两点：①为行驶的车辆和驾驶车辆的司机提供寻路辅助；②以交通指示牌和起始地到目的地的距离信息为关键信息。这在极大程度上方便了行驶的车辆和驾驶车辆的司机，但与此同时，其也忽略了用户外出时需要步行寻路的这类需求。

微地图是一种符合新时代用户诉求的地图（闫浩文等，2016），能够支持用户自主制图并参与制定寻路计划，满足行人外出寻路的需求，帮助用户寻路。其核心思想的一种体现就是地图的使用者和制作者不再进行严格的区分。因此，对于用户而言，其主要在两个方面参与寻路：一是用户从被动接收信息方变为主动分发信息方，能够对地图进行实时编辑并发布，参与寻路计划的制定；二是用户的寻路过程发生变化，由判断空间位置变为描述空间位置，即用户依据自身的思维习惯，表达符合自身认知的空间位置和方向。基于上述寻路的两个方面可知，微地图允许用户参与到寻路计划的制定中，并帮助用户表达地图内容、传递用户自身的位置和寻路所需的方向信息。

地标是寻路行为中最相关的认知元素之一（何阳等，2022），不仅因为其在环境中具有高显著性，而且还是地理对象的派生产物，且能够在地图上以符号等形式进行表示和描述。因此，其在空间推理和路线描述中的使用频率极高，导致地标和决策点在路线描述中更为有效（Yesiltepe et al.，2021）。时至今日，地标不仅被视为描述空间位置的参考，更是被用户当作沿着正确路径前行的参照依据（Denis，1997；Sorrows and Hirtle，1999；Weng et al.，2017）。

综上所述，地标辅助寻路的作用是极其明显的，体现在三个方面：①对于微地图用户寻路而言，地标能够帮助他们避免错误的转向信息，有效地降低用户对空间认知的负担；②用户参与地图制作是微地图的一大特点，所以用户可以选择在寻路任务中放置有效地标生成寻路地图；③辅助用户寻路，用户利用微地图平台实时分享更新数据、发布生成的地图内容，达到辅助用户寻路的效果。

因此，微地图与用户寻路之间由地标架起桥梁，使得微地图与用户寻路之间紧密相连，通过三者之间相辅相成、紧密相连（图6-1），实现用户个性化的寻路过程，满足不同用户的需求，并在帮助用户寻路的同时，提高用户寻路的效率。

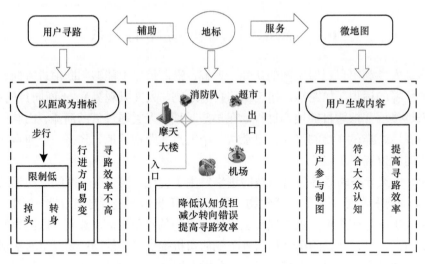

图 6-1　微地图与用户寻路之间的关系

具体而言，用户可以从被动接受地图传达的地理空间信息，到主动选取自身需要的地理空间信息。微地图、地标以及用户寻路之间的关系得到诠释：三者之间相辅相成，地标服务于微地图，微地图辅助用户寻路，用户寻路又依赖于对地标的认知。总而言之，三者之间由地标架起桥梁，进而辅助用户寻找到可行的或更优的行进路线。

6.2　微地图地标辅助寻路

选取具有良好特征的有效地标是辅助人们寻路的关键。换言之，从众多地理空间要素中选取可作为地标的地物要素，并从空间大数据中提取地标，将其应用于寻路是亟须解决的一个关键问题。基于此，本节构建了情绪地标的分类模型，阐述了地标辅助日常寻路的实例，并将提取到的情绪地标应用至微地图，为微地图用户记录自己的足迹提供具体的应用实例。

6.2.1　情绪地标的构建

随着科技的进步，人们的生活水平在不断地提高，人民群众也越发向往更加美好的生活，大众对美好生活向往的需求（如对城市道路的安全感知、在城市中的归属感及对城市居住环境的喜恶感等）量化也亟须受到关注。因此，在此基础上，历经社会的演化，许多在城市中生活的人产生了泛化的城市情绪[①]，对城市中的自然地物或人文地物有了强烈的情感表达。

地标不仅能够作为城市中比较独特和显著的空间地物，而且是能够引起城市居民情绪变化的标志。具体而言，不同心情下看到同一地标的感受是有所不同的。例如，开心时看到的地标 A 是正性的地标，而当悲伤时所看到的地标 A 则是负性的，更多时候可能会是中性的。因此，地标也是存在情绪属性的。如何衡量地标的这类属性，并根据不同属性为其赋予不同色彩，记录用户在使用地图过程中对该地标的情绪体验是本节的重点内容。

现有模型中 TextCNN 模型是卷积神经网络（CNN）应用文本分类最经典的模型，此处使用该模型对地标进行情感分类研究，以此来构建情绪地标集。其具体步骤包括以下几点。

首先，获取评论数据。由于 POI 数据的类型多样，且所需的 POI 数据类型也较为复杂，所以需要获取不同平台（如飞猪、微博、美团和饿了么等）的评论数据。

其次，根据 POI 的不同类型，确定各类评论信息的数据源。本节的研究区聚焦于兰州市安宁区，共获取 5649 条评论信息，提取 103 个地标。根据 5649 条评论信息，通过 TextCNN 模型，将 103 个地标分为 3 类不同的属性：正性（即评论信息表现为赞赏、好评等积极的数据）、中性（即评论信息表现为还行、一般等较为平淡的数据）和负性（即消极的评论信息）。

最后，计算、统计并分析提取结果。其中，16 个地标的情感属性为正性（赋值为 1）；87 个地标的情感属性为中性（赋值为 0）；无负性地标。

无负性地标的原因主要有两个：一是商家为了经营获利对评论采取控制、引导好评

---

① 戴冬晖, 王耀武, 王悦人, 等. 2021. 基于微博大数据语义分析的情绪地图构建研究——以深圳市为例. 成都: 面向高质量发展的空间治理——2021 中国城市规划年会.

等措施，折叠部分不良评论，甚至删减一些恶意评论信息；二是诸多 POI 数据为旅馆、饭店、景点等营利性场所，避免出现让消极评论主导平台评论区的情况。因而，此次分类中并未出现负性地标。

综上所述，地标具有情感属性，且能将情感属性分类，那么就能根据不同的属性建立相关的情绪地标集，且可以根据不同的情感属性赋予地标不同的色彩，如图 6-2 所示。如此处理，可以使人们在视觉上有直观的感受，能够记录且回忆自己的足迹。

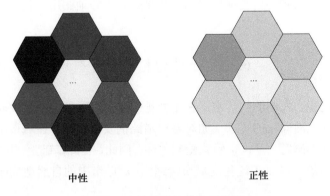

中性　　　　　　　　　　　　　　正性

图 6-2　情绪地标的色彩分类

6.2.2　地标辅助日常寻路实例

为提高寻路效率，地标被提取用以辅助用户寻路，降低寻路用户的认知负担。本节设计了不同的寻路任务，邀请多名不同背景的参与者完成寻路任务，寻路任务中的起点和终点相同，但是寻路过程中的路线有所区别。在完成寻路后，要求参与者描述所使用到的地标特征和对周围环境中印象最深的地物，进而记录和提取相关的信息为地标辅助寻路做更好的规划和调整。

此次任务的用户选择的是外出寻路时不使用交通工具（即步行寻路）的群体，因此，寻路任务的设计上未采取大尺度的起终点，而是聚焦于小尺度的空间，即选择两个公交车站之间的距离作为测试路段。该测试所选取的路线中多数参与者通常采用的出行方式为步行，极为符合实际情况。

在进行测试之前，先收集了参与者的基本信息，如对安宁区的熟悉程度（分为 5 级，5 为极其熟悉，1 为极其不熟悉）、年龄和存在寻路障碍程度等信息。该测试共征集参与者 16 人，年龄在 18～28 岁，男女比例接近 1∶1，在该段路线中，日常出行采用的交通方式以步行居多，完全满足测试需求。该测试任务中，以西北师范大学作为测试的起点，以嘉峪关烤肉为测试终点，路线总长 905m，沿途有 2 个路线决策点（分别为起点和马三洋芋片所在的路口），如图 6-3 所示。

根据参与者完成测试任务的反馈，分别制定了 3 种能够满足不同用户需求的微地图（图 6-4），即"干饭人"路线、"逛吃人"路线和"办业务"路线。使用所提取到的地标进行简单的连线操作，就可以绘制同一起终点的不同路线，为微地图用户在日常寻路中提供应用实例。

图 6-3 实验设计路线示意图

路线 1：道路宽敞，沿路布满商铺，逆行行走，行人较多；路线 2：花费时间少，但拥挤且步行环境差；路线 3：临靠主干道，沿路有银行、超市、药店和酒吧，吸引力不高

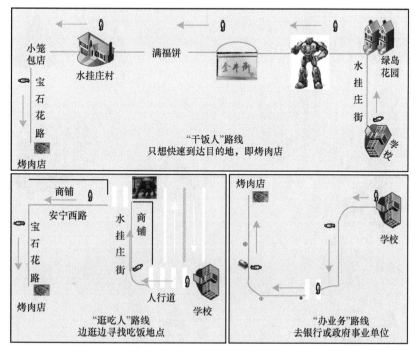

图 6-4 个性化寻路实例

6.2.3　情绪地标记录足迹实例

以用户个人足迹回忆记图的应用为例，分别邀请 3 位参与者贡献自己在城市中的足迹，并邀请他们评价足迹中的地标，获得对地标的评价信息，根据 6.2.1 节所述的情绪地标属性的模型，得到被赋予情绪属性的地标，并由此生成记录用户足迹的微地图。

3 名参与者信息如下：①年龄区间为 25～30 岁。② 2 位女生和 1 位男生。③职业均为高校在读的学生。④对受试者的要求：比较熟悉测试区域；在日常生活中，喜欢通过拍照、录视频或发表动态等方式记录自己的生活状态；知晓测试的要求，即愿意分享他们的个人足迹用于本次测试。

该测试首先收集 3 名参与者的足迹信息，具体而言，记录 3 名参与者的足迹数据，将该数据进行可视化表达，并将其保存为图片格式；其次根据可视化结果，要求参与者回忆和表述与其感情相关的地标，记录参与者所表达的相关信息，根据 6.2.1 节所述的模型提取情感信息；最后，得到 3 名参与者的个性化足迹图。

参与者分别被记作 A、B 和 C，他们选择了自己比较喜爱的色彩为地标赋予正性和中性（图 6-5）。由此可发现，正性地标被赋予的颜色偏浅，并且鲜艳亮丽；中性地标的颜色则偏深且暗。对于微地图用户而言，记录自己人生过程中的足迹，是一件极具意义的事情，尤其是记录在那一时刻所发生的令其记忆深刻的事件。与此同时，在那一时刻中，空间里的地标留给自己的印象也会被记录。因此，地标的功能属性在记录足迹这一具象的过程中可以适当忽略，而其情感属性能够适当放大。

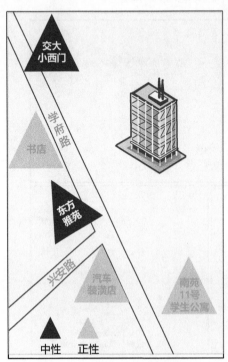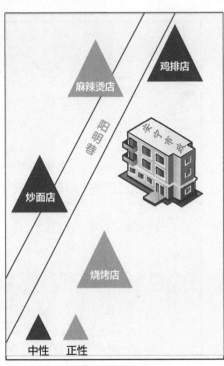

(a)参与者A的足迹微地图　　　　　　　　(b)参与者B的足迹微地图

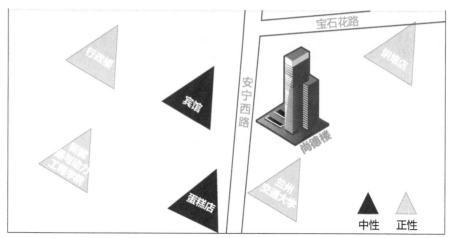

(c)参与者C的足迹微地图

图 6-5　参与者日常足迹微地图

因此，用户在记录足迹时，会赋予一定的情感表达对该地标的描述，也会注重地标在表达情感传递时的属性。依据情绪地标提取模型，为用户提供地标的情绪属性用于记录其足迹极为必要。除此之外，地标的情绪属性在表达回忆类场景中具有很大的作用。

6.3　微地图导航辅助寻路

6.2 节描述了微地图地标辅助寻路的应用，而本节则集中于阐述微地图导航辅助寻路的应用实例。对于微地图导航辅助寻路而言，如何为弱方向感的群体描述方向、在寻路时如何选取合适的参考框架以及如何获取安全且舒适的城市道路是需要考虑和解决的问题。因此，本节主要集中于对这三个问题进行探讨和描述。

6.3.1　面向弱方向感大众

弱方向感大众是指缺乏判断地理方向的能力，或难以使用一幅地图判断自己所处位置和描述地理方向的群体。对于微地图而言，这一部分群体是不可或缺的用户之一（Wang et al.，2022），因此他们对空间方向关系的具体需求必须充分满足，才能更深入地探讨为其提供辅助寻路的可能性。故此，本节针对弱方向感大众的独特需求和挑战，设计并开发一种基于微地图的空间方向关系计算模型。

1. 以用户位置为参考中心的方向关系计算模型

在以用户位置为参考中心的方向关系计算模型中，用户的位置可以使用几何形态为点的对象进行表示（闫浩文等，2023）。因此，在该模型中，用户的位置被视为参考对象，记为 O。由此可知，判断用户位置和其他目标地物之间的空间方向关系，可以将其抽象为点对象（用户位置）和其他目标之间的空间方向关系。

为便于解释，引入了 $\text{Dir}(O, B)$ 表示参考对象 O 和源目标 B 之间的空间方向关系，将空间方向划分为九个区域进行表示，即{E, N, W, S, NE, NW, SW, SE, O}，其中参考对象 O 作为原点，如图 6-6 所示，源目标 B 可以位于参考对象 O 的一个或多个方向区域内。因此，计算源目标 B 和每个方向区域之间的交集，得到空间方向关系矩阵，矩阵结果如式（6-1）所示：

$$\mathrm{Dir}(O,B) = \begin{bmatrix} B \cap \mathrm{NW} & B \cap \mathrm{N} & B \cap \mathrm{NE} \\ B \cap \mathrm{W} & O & B \cap \mathrm{E} \\ B \cap \mathrm{SW} & B \cap \mathrm{S} & B \cap \mathrm{SE} \end{bmatrix} \quad (6\text{-}1)$$

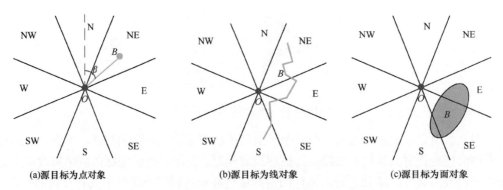

(a)源目标为点对象   (b)源目标为线对象   (c)源目标为面对象

图 6-6   以用户位置为参考中心的方向关系计算模型

β 指方位角，即参考对象的子午线按顺时针方向与参考对象和源目标的连线组成的角度。下同

其中，若源目标与参考对象的某个方向上的交集非空，则矩阵中对应的元素为 1；否则，矩阵中对应的元素为 0。

尽管这一模型和方向关系矩阵能够反映对空间方向关系的表达，但这只是比较概略地描述了空间方向关系，即定性描述。空间方向关系在查询和描述上必须要精确且无歧义，因此需要利用方位角、长度比值、面积比值等参数较为精确地描述空间方向，即定量描述。

当源目标为点时，矩阵元素为参考对象的子午线按顺时针方向与参考对象和源目标的连线组成的角度 β，结果表达如式（6-2）所示：

$$\mathrm{Dir}'(O,B) = \begin{bmatrix} \beta_{\mathrm{NW}} & \beta_{\mathrm{N}} & \beta_{\mathrm{NE}} \\ \beta_{\mathrm{W}} & O & \beta_{\mathrm{E}} \\ \beta_{\mathrm{SW}} & \beta_{\mathrm{S}} & \beta_{\mathrm{SE}} \end{bmatrix}, \beta \in [0, 2\pi] \quad (6\text{-}2)$$

当源目标为线时，矩阵元素用源目标和某一方向区域之间的交集与源目标自身长度的比值来表示，结果表达如式（6-3）所示：

$$\mathrm{Dir}'(O,B) = \begin{bmatrix} \dfrac{L(B \cap \mathrm{NW})}{L(B)} & \dfrac{L(B \cap \mathrm{N})}{L(B)} & \dfrac{L(B \cap \mathrm{NE})}{L(B)} \\ \dfrac{L(B \cap \mathrm{W})}{L(B)} & O & \dfrac{L(B \cap \mathrm{E})}{L(B)} \\ \dfrac{L(B \cap \mathrm{SW})}{L(B)} & \dfrac{L(B \cap \mathrm{S})}{L(B)} & \dfrac{L(B \cap \mathrm{SE})}{L(B)} \end{bmatrix} \quad (6\text{-}3)$$

当源目标为面时，矩阵元素用源目标和参考对象的某一方向区域之间交的面积与源目标自身面积的比值来表示，结果表达如式（6-4）所示：

$$\text{Dir}^*(O,B) = \begin{bmatrix} \dfrac{A(B \cap \text{NW})}{A(B)} & \dfrac{A(B \cap \text{N})}{A(B)} & \dfrac{A(B \cap \text{NE})}{A(B)} \\ \dfrac{A(B \cap \text{W})}{A(B)} & O & \dfrac{A(B \cap \text{E})}{A(B)} \\ \dfrac{A(B \cap \text{SW})}{A(B)} & \dfrac{A(B \cap \text{S})}{A(B)} & \dfrac{A(B \cap \text{SE})}{A(B)} \end{bmatrix} \tag{6-4}$$

2. 以距离用户最近的空间地物为参考中心计算方向关系

参考对象的确定是准确识别目标对象方向的必要前提，若没有一个明确的参考对象，就不可能计算出目标对象的空间方向关系。因此，计算目标对象空间方向关系时，需要确定参考对象，具体步骤包括以下几点。

首先，通过相关的定位方法确定用户的位置，在地图上用一个点进行表示；其次，地图上的空间对象根据其几何形态分为三种类型，即点、线和面；最后，计算用户的位置与每个点、线和面对象之间的距离，选择距离用户最近的对象作为参考对象 O，这涉及计算点到点、点到线和点到面的距离。

确定计算空间方向关系最为合适的方法需要验证参考对象的几何形态。若距离用户最近对象的几何形态为点，则使用以用户位置为参考中心的方向关系计算模型（闫浩文等，2023）；若距离用户最近对象的几何形态不能使用一个点来表示，则使用以距离用户最近的空间地物为参考中心计算方向关系。以下是以距离用户最近的空间地物为参考中心计算方向关系的具体步骤。

（1）计算参考对象 O 的最小外接矩形（minimum boundary rectangle，MBR）。即计算参考对象 O 的最大、最小横纵坐标，记为（$X_{\max}$，$Y_{\max}$）和（$X_{\min}$，$Y_{\min}$），以最大横坐标 $X_{\max}$ 和最小纵坐标 $Y_{\min}$ 为右下角顶点 [（$X_{\max}$，$Y_{\min}$）]，最小横坐标 $X_{\min}$ 和最大纵坐标为 $Y_{\max}$ 为左上角顶点 [（$X_{\min}$，$Y_{\max}$）] 建立 MBR。

（2）以 MBR 为中心，将空间划分为 9 个方向{E, N, W, S, NE, NW, SW, SE, O}，如图 6-7 所示，并通过 3×3 的矩阵记录源目标 B 在 9 个方向区域的分布情况。

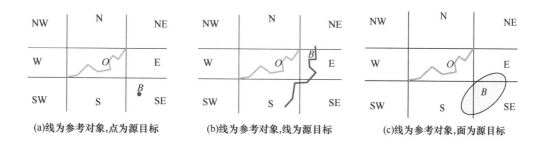

(a)线为参考对象,点为源目标　　(b)线为参考对象,线为源目标　　(c)线为参考对象,面为源目标

(d)面为参考对象,点为源目标　　　(e)面为参考对象,线为源目标　　　(f)面为参考对象,面为源目标

图6-7　方向关系矩阵模型

（3）在方向关系矩阵模型中，分别求出参考对象在各方向区域与源目标 B 的交集，得到其方向关系矩阵，如式（6-1）所示。显然，该矩阵给出了源目标相对于参考对象的一个定性描述，但是空间方向关系还需要进一步定量表达。因此，可根据源目标的几何形态将式（6-1）进行变换，得到式（6-2）、式（6-3）或式（6-4）。

当然，若源目标的几何形态被视为线和面，且参考对象的几何形态主要体现为线和面时，式（6-3）和式（6-4）满足空间方向关系的计算；若源目标的几何形态为点，在计算源目标与参考对象之间的空间方向关系之前，需要求得参考对象的质心，这是因为参考对象的几何形态为线或面而非点，进而确定源目标与参考目标的定量表达，如图 6-8 所示。设参考对象 $O=\{v_i \mid i\in[1, n]\}$，$v_i = (x_i, y_i)$，则质心 $O'=\{v_i' \mid i\in[1, n]\}$，$v_i' = (x_i', y_i')$，$x_i'$ 和 y_i' 的计算如式（6-5）所示：

$$
\begin{aligned}
x_i' &= \sum_{i=1}^{n} x_i \Big/ n \\
y_i' &= \sum_{i=1}^{n} y_i \Big/ n
\end{aligned}
\tag{6-5}
$$

式中，n 为参考对象的顶点数量。

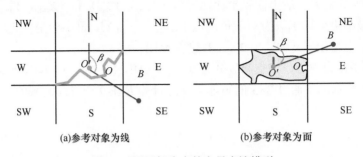

(a)参考对象为线　　　　　　(b)参考对象为面

图6-8　源目标为点的定量表达模型

6.3.2　不同参考框架驱动下微地图的寻路表达

微地图的参考框架是用户在地理空间中运动，为微地图制作提供基础支撑的空间参考框架，由绝对参考框架和相对参考框架构成。绝对参考框架是地球（或大地表面）上的空间目标或者空间地物相对于地球（或大地表面）而言，是绝对不变的。相对参考框

架是地球（或大地表面）上的空间目标或空间地物相对于微地图用户而言，是发生变化的，即空间目标在地球（或大地表面）上的位置相对于不同时刻的用户，其位置是发生变化的。

相对参考框架主要包含自我中心参考框架和固定参考框架，前者主要是指以用户位置作为参照中心进行定位，进而判断目标物与用户位置的方向关系和距离关系；后者则是指以距离用户最近的空间地物为参照中心进行定位，进而判断目标物相对于距离用户最近空间地物的方向关系和距离关系，主要用于一个用户向另一个用户指路。

如图 6-9 所示，用户 U 从目标 A 处经过 B 到达目标 C 处，用户相对于地球（或大地表面）发生了运动，而目标 A、B 和 C 则相对于地球（或大地表面）的位置未发生变化；目标 B 的位置相对于用户 U 而言，则发生了变化，即从 A 出发时位于 U 的前方，到达 B 时位于 U 的后方。综上可知，需要考虑在不同参考框架驱动下微地图的寻路表达。

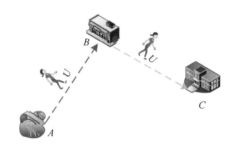

图 6-9　相同目标不同参照物示意图

解决不同参考框架下微地图的寻路表达，其关键在于表达相对参考框架和绝对参考框架之间的映射关系，主要涉及自我中心参考框架和绝对参考框架之间的映射关系、固定参考框架和绝对参考框架之间的映射关系。

因此，为便于计算相对参考框架和绝对参考框架之间的映射关系，对向量 p 的概念和符号进行定义。假设向量 p 表示某个空间目标，在微地图的某个参考框架内，存在一组正交基 (x_c, y_c, z_c)，那么向量 p 在这组基下有一个坐标：

$$p = [x_c, y_c, z_c] \begin{bmatrix} p_1 \\ p_2 \\ p_3 \end{bmatrix} = x_c p_1 + y_c p_2 + z_c p_3 \tag{6-6}$$

式中，$[p_1,\ p_2,\ p_3]^T$ 称为 p 在此基下的坐标，其取值与向量本身和基的选取有关。

1. 自我中心参考框架和绝对参考框架之间的映射关系

假设向量 p 表示刚体视角下的某个空间目标，其在自我中心参考框架下的坐标为 p_c，在绝对参考框架下其坐标为 p_w；p_c 和 p_w 之间的映射关系即为本节所求的内容。绝对参考框架被记为 $O_w\text{-}X_w Y_w Z_w$，每个用户分别被记为 $U = \{\ i \in N\ |\ U_1,\ U_2,\ \cdots,\ U_i\}$，自我中

心参考框架被记为 U_i-$X_iY_iZ_i$。

如图 6-10 所示，绝对参考框架有且仅有一个，不因用户数量而发生变化；但自我中心参考框架则可以有无数个，即用户有 U_i 个，自我中心参考框架则可以有 U_i 个。自我中心参考框架所产生的坐标值因用户不同而不同，但描述位置必须无歧义、绝对且精确。因此，需要计算自我中心参考框架和绝对参考框架之间的映射关系，以保证位置数据无歧义和精确。

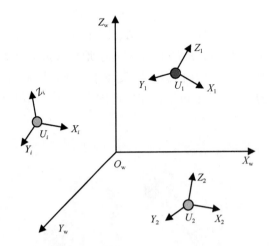

图 6-10　自我中心参考框架与绝对参考框架之间的组成关系

两个参考框架之间的运动或映射是由一个旋转加上一个平移组成，如图 6-11 所示。在这个运动或映射的过程中，无论向量 p 是在自我中心参考框架下，还是在绝对参考框架下，其长度和夹角都不会发生变化。因此，需要考虑旋转和平移这两种运动状态。

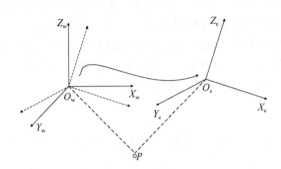

图 6-11　自我中心参考框架与绝对参考框架之间的转换

再者，尽管有 U_i 个自我中心参考框架，但是仅需求出其中一个自我中心参考框架与绝对参考框架之间的映射关系即可，因为不同自我中心参考框架与绝对参考框架之间的映射关系总是由旋转和平移组成。因此，本节以其中一个自我中心参考框架为例，计算二者之间的映射关系。

对于旋转而言，设某个单位正交基[e_1, e_2, e_3]经过一次旋转变成了[e_1', e_2', e_3']，

那么对于同一个向量 p（向量本身并不随着参考系的旋转而发生变化），则在两个参考系下的坐标分别为 $[p_1, p_2, p_3]^T$ 和 $[p_1', p_2', p_3']^T$。由于向量本身并未发生变化，故根据坐标的定义，有

$$[e_1, e_2, e_3]\begin{bmatrix} p_1 \\ p_2 \\ p_3 \end{bmatrix} = \begin{bmatrix} e_1', e_2', e_3' \end{bmatrix}\begin{bmatrix} p_1' \\ p_2' \\ p_3' \end{bmatrix} \tag{6-7}$$

式（6-7）的左右两边同时乘 $\begin{bmatrix} e_1^T, e_2^T, e_3^T \end{bmatrix}^T$，得

$$\begin{bmatrix} p_1 \\ p_2 \\ p_3 \end{bmatrix} = \begin{bmatrix} e_1^T e_1' & e_1^T e_2' & e_1^T e_3' \\ e_2^T e_1' & e_2^T e_2' & e_2^T e_3' \\ e_3^T e_1' & e_3^T e_2' & e_3^T e_3' \end{bmatrix}\begin{bmatrix} p_1' \\ p_2' \\ p_2' \end{bmatrix} \overset{\det}{=} Rp' \tag{6-8}$$

式中，R 为旋转矩阵（一个特殊的正交矩阵），那么其转置描述了一个相反的旋转，则有

$$p' = R^{-1}p = R^T p \tag{6-9}$$

显然，R^T 刻画了一个相反的旋转。

两个参考框架之间的运动或映射除旋转外，还有平移。对于自我中心参考框架中的向量 p，经过一次旋转（用 R 描述）和一次平移 t 后，得到了 p'，那么将旋转和平移合在一起则有

$$p' = R^{-1}p + t = R^T p + t \tag{6-10}$$

式中，t 为平移向量。

在本节中，向量 p 在自我中心参考框架和绝对参考框架下的坐标分别为 p_c 和 p_w，它们之间的映射关系应该是

$$p_w = R_c^w p_c + t_c^w \tag{6-11}$$

式中，R_c^w 是指把自我中心参考框架中的坐标变换到绝对参考框架中；t_c^w 则为绝对参考框架原点指向自我中心参考框架原点的向量，是在绝对参考框架下选取的坐标。

同理，若将绝对参考框架中的坐标变换到自我中心参考框架中，它们间的映射关系则为

$$p_c = R_w^c p_w + t_w^c \tag{6-12}$$

式中，$R_c^w = \left(R_w^c\right)^{-1} = \left(R_w^c\right)^T$。

综上所述，式（6-10）是自我中心参考框架和绝对参考框架之间的映射关系表达式，即通过旋转和平移在两个参考系之间进行变换。式（6-11）和式（6-12）分别是自我中心参考框架变换到绝对参考框架、绝对参考框架变换到自我中心参考框架的具体表达。因此，用户在自我中心参考框架下进行寻路导航，不需要考虑、认知和判断地理方向和位置，也不必担忧其所处的位置和方向与正确方向和位置不一致的问题。

2. 固定参考框架和绝对参考框架之间的映射关系

若解决了固定参考框架和绝对参考框架之间的映射关系，则一个用户在指路或帮助另一个用户寻路时，也不需要考虑和判断地理方向和位置，还能保证所推荐路线的准确性和一致性。因此，固定参考框架和绝对参考框架之间映射关系的描述也是极其必要的。

若求解固定参考框架与绝对参考框架之间的映射关系，则需首先考虑固定参考框架下的空间直角坐标系 U_i (X, Y, Z) 转为绝对参考框架下的空间直角坐标系 O (X, Y, Z)，其次考虑 O (X, Y, Z) 与球坐标系 S (r, θ, ϕ) 之间的映射。

固定参考框架下的空间直角坐标系映射为绝对参考框架下的空间直角坐标系，即由 U_i (X, Y, Z) 转为 O (X, Y, Z)，然后再进行空间直角坐标系 O (X, Y, Z) 和球坐标系 S (r, θ, ϕ) 之间映射关系的表达。前者的映射过程与自我中心参考框架向绝对参考框架的映射相似，此处不再做过多描述。因此，主要集中于空间直角坐标系 O (X, Y, Z) 和球坐标系 S (r, θ, ϕ) 之间映射关系的表达。

$$\begin{cases} x = r \cdot \sin\theta \cdot \sin\phi \\ y = r \cdot \sin\theta \cdot \cos\phi \\ z = r \cdot \cos\theta \end{cases} \tag{6-13}$$

式中，r 为点 P 到 O (X, Y, Z) 坐标系中原点的距离，即半径；θ 为 OP 与 Z 轴的夹角；ϕ 为 OP 在 O–X–Y 平面上的投影与 Y 轴的夹角。

此处所求的即为空间直角坐标 (x, y, z) 到球坐标 (r, θ, ϕ) 之间的映射关系，主要由两部分构成：从球坐标系映射为空间直角坐标系和从空间直角坐标系映射为球坐标系。前者的映射关系如式（6-13）所示，后者的映射关系则如式（6-14）所示：

$$\begin{cases} r = \sqrt{x^2 + y^2 + z^2} \\ \theta = \arccos(z/r) \\ \phi = \arctan(x/y) \end{cases} \tag{6-14}$$

式中，x、y、z 分别为点 P 在空间直角坐标系中的 X 轴、Y 轴、Z 轴的坐标。

综上所述，固定参考框架和绝对参考框架之间的映射关系由式（6-10）、式（6-13）和式（6-14）构成，其中式（6-10）是由一个空间直角坐标系映射到另一个空间直角坐标系的表达式，而式（6-13）和式（6-14）分别是由球坐标系映射为空间直角坐标系和空间直角坐标系映射为球坐标系的表达式。因此，一个用户在指路或帮助另一个用户寻路时，也不需要考虑和判断地理方向和位置，还能保证所推荐路线的准确性和一致性。

6.3.3　城市街道的安全感知和舒适度

城市是人类在地球上制造的一个有机生命体，能够供他们活动，且无时无刻不在生长。街道则是城市这一有机生命体的重要组成部分，其不仅能够作为人类生产、活动和生活的重要载体，而且能够成为城市中的关键纽带，为各类空间之间的活动架起桥梁（寇世浩等，2021）。随着科学与技术的进步，城市的建设水平日益提高，城市化进程也被加速。因此，城市和城市街道中出现了诸多问题（如交通不畅、步行出行的空间环境恶劣、行人与车辆之间的矛盾越发突出等），导致在城市中寻找安全且舒适的街道不再容易。

另外，城市一直在快速发展，科技也一直在突破，因而城市中机动车的数量也在飞速增长，这对人类在城市街道中步行时造成一定的危险。更有甚者，一些机动车辆在行驶过程中会出现不规范行为，如未按规定速度行驶、未在规定地点停车、将车停在非机动车道和人行横道上等现象。这不仅对人类在城市街道中的日常行为活动造成严重的干扰，而且使得人类对城市街道产生了不安全感和焦虑感。因此，如何为城市街道中的行人用户规划出安全、舒适，且不会让他们感受到危险和焦虑的道路成为必须要做的工作。

为解决上述问题，首先需要将安全感知和舒适度的概念梳理清楚；其次再考虑数据集的构建、城市街道安全感知模型的构建以及城市街道舒适度模型的开发；最后则对开发的模型进行解释性分析，以便为微地图的用户规划出安全、舒适的道路。

1. 安全感知和舒适度

安全感知是指人类个体对可能会出现的身体或心理的潜在危险的预判，主要表现为可控感及确定感（安莉娟和丛中，2003）。较之于安全或者安全性，安全感知的概念更为复杂、晦涩，因为其会受各类因素的影响而发生变化（Márquez，2016），如会受到不同城市或地区之间的差异影响、会受个人所选择的出行方式和从起点到目的地之间的空间环境等因素的影响。

舒适度是指人们依据自身主观感受在生理和心理上的满意程度（Slater，1985）。目前，街道舒适度被分为 3 类进行讨论：身体舒适、心理舒适和生理舒适。三者之间的关系如图 6-12 所示，心理舒适是身体舒适和生理舒适共同作用的结果[1]（Gehl，2011），由此促进了其他各种活动的产生。

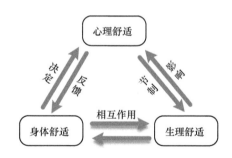

图 6-12　心理舒适、身体舒适和生理舒适的关系

对于身体舒适和生理舒适而言，前者能够降低人们身体的疲劳感，如在树荫下、路边可以休息处以及连续且畅通的人行横道等[2]（Hall，1966；Untermann，1984；

---

① Jacobs A B. 1993. Great Streets. University of California Transportation Center.

② Knoblauch R, Nitzburg M, Dewar R, et al. 1995. Older pedestrian characteristics for use in highway design. United States Department of Transportation, Federal Highway Administration.

Whyte，2012）；后者则是通过不同要素来感知的，如色彩、光源、味道、听觉和温度等，这类要素主要是由街道空间中这些要素的感知综合而成，如降低的噪声、提升了质量的空气和良好的市容市貌等。

心理舒适包括行人能够保持其所需的行走速度以及参与各类步行活动的能力（李心雨等，2023），其中所提到的步行速度与性别、年龄、文化背景、出行时段、城市大小等有关[①]（Pushkarev and Zupan，1975）。

基于此，街道安全感知是指当行人处于城市街道空间时，物质环境对其心理造成恐慌、焦虑等负面情绪的影响预判，这种安全感知不局限于犯罪恐惧感，还与物质环境本身及人在该场景中进行行为活动的安全性有关；街道舒适度则是指从视觉感知层面考虑，个体对于在街道环境中进行日常行为活动的满意程度。

正是基于对街道安全感知和舒适度的概念界定，才能继续深入讨论相关数据集的构建和对应模型的开发，以及后续对模型的解释性分析，进而辅助微地图行人用户寻找到安全且舒适的街道路径。

2. 数据集构建

构建数据集所需的数据主要有 2 个：路网数据和街景数据。对于前者而言，由 OpenStreetMap（https://download.geofabrik.de/asia.html）提供支撑；后者则来自于百度街景数据，并对其进行了一定程度的预处理。街道安全感知数据则由本团队于 2022 年 4～5 月进行的调查处理构成。

对图片安全感知进行调查处理的方式如下：①从已获取的街景图像中随机抽取 20000 张图片，并将其一分为二，分别放置于两个文件夹中；②基于 C#语言开发图片对比工具，要求被调查者分别从两个文件夹中添加 1 号图和 2 号图，并选择两张图片的起始角度；③完成上述参数的设定后，继续要求被调查者从两张图片中选择一张其认为安全感知更高的图片，选项分别为左边的图像、右边的图像或"相等"，分别使用数字"1""2"和"0"将其进行对应。至此，完成所有街景图片的对比调查。

随机选取 20000 张街景图像进行处理，其中 14000 张作为训练集，6000 张作为验证集。对于训练集的每个图像样本 i，通过与其他图像 i' 进行多次对比选择，统计其被选择的次数，从而得到每张图像的安全感知评分。其具体过程包括以下几个方面。

（1）对于每个图像样本分别定义两个值——被选为安全感知较高的概率（P）和被选为安全感知较低的概率（N）：

$$P_i = \frac{p_i}{p_i + e_i + n_i} \tag{6-15}$$

$$N_i = \frac{n_i}{p_i + e_i + n_i} \tag{6-16}$$

式中，P_i 为街景图像 i 在两两对比中被选为安全感较高的概率；N_i 为街景图像 i 在两两对比中被选为安全感较低的概率；p_i 为街景图像 i 在比较中被选择的次数；n_i 为街景图

---

① Jacobs A B. 1993. Great Streets. University of California Transportation Center.

像 i 在比较中未被选择的次数；e_i 为街景图像 i 与对比图像被认为是相等的次数。

（2）通过式（6-15）和式（6-16），计算得出街景图像 i 的安全感知分数为

$$Q_i = \frac{10}{3}\left(P_i + \frac{1}{p_i}\sum_{k_1=1}^{p_i} P_{k_1} - \frac{1}{n_i}\sum_{k_2=1}^{n_i} N_{k_2} + 1 \right) \tag{6-17}$$

式中，k_1 表示街景图像 i 与街景图像 i' 对比中，前者被选为安全感知更高，而后者未被选择时，街景图像 i 的个数；P_{k_1} 则表示此时所有未被选择的街景图像 i' 的 p_i 值总和；相应地，k_2 表示街景图像 i 与街景图像 i' 对比中，后者被选为安全感知更高，而前者未被选择时，街景图像 i' 的个数；N_{k_2} 则表示此时被选择的街景图像 i' 的 n_i 值总和。

（3）加入常数项 10/3 和 1 使得分数 Q 归一化至 0～10。

Q 评分是一种统计学方法，该方法通过调查一组受访者来确定他们的选择情况，从而决定特定项目的知名度或喜爱程度（de Silva et al.，2017）。本书中 Q 值用以量化被调查者的环境安全感知结果，Q 的分值越高代表街景图片的安全感知程度越高，反之则越低。

由于街景图片对比次数在本研究中高达 5.7 亿次，全部进行人工对比的可行性较低，且需要耗费大量的时间和人力成本，因此借助生成对抗网络进行训练。首先，通过人工评价的结果构建街道安全感知和舒适度数据集，两个数据集均有 10000 组图片对比结果，其中训练集 7000 组、测试集 3000 组；其次，将深度神经网络 EfficientNet_B7 模型在街道安全感知和舒适度评分训练集上进行训练，参数设置如下：学习率为 0.001×0.1 epoch|50，优化器为 Adam，Batch_size 为 16，epoch 为 100，激活函数为 SILU；最后，将训练好的模型对测试集图像进行自动评分。经过人工评分与模型训练结果进行比较，模型训练结果在街道安全感知测试集上的准确度达 80.1%，舒适度测试集上的准确度达 77.7%。基于该模型对所有街景图像进行安全感知对比，依据式（6-17）统计每张街景图像的得分，如图 6-13 所示。

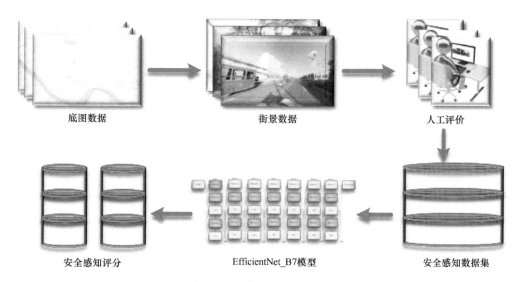

图 6-13　图像安全感知评分流程

视觉感知因子是可用于安全感知的解释变量，主要采用图像语义分割及目标检测两种方式对其进行测度，如图 6-14 所示。图像语义分割是计算机视觉技术中重要的领域之一，其是以图像为处理对象，对图像中每个像素点实现分类；而目标检测主要关注的是图像中需要识别的物体，通过在网络中提取特征来预测目标物体的类别及位置。

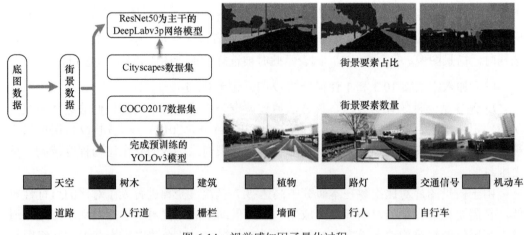

图 6-14　视觉感知因子量化过程

首先，利用以 ResNet50[①]为主干的 DeepLabv3p（Chen et al.，2018）网络模型进行街景图像分割。此模型已通过百度 PaddleHub 在 Cityscapes 数据集中预训练完成，该数据集共有 5000 张街景图像，被划分为训练集 2975 张、验证集 500 张及测试集 1525 张，其平均交并比（mean intersection over union，MioU）达 79.9%。其中，训练集和验证集具有 19 个类别的像素标注，考虑到本研究中所涉及的城市街道环境中的场景要素，重点关注天空、树木、建筑、机动车、道路等要素类别。

其次，借助百度 PaddleHub 在 COCO2017 数据集中预训练好的 YOLOv3（Redmon，and Farhadi，2018）网络模型进行街景图像的目标检测，该网络同样以 ResNet50 为主干网络。作为一种流行的目标检测算法，YOLOv3 在处理时间和精度上均有明显的优势，目前已广泛应用于车辆检测、人脸识别等众多领域。COCO2017 数据集包含 80 类目标，分为训练集 118287 张、验证集 5000 张和测试集 40670 张，其平均检测精确率（mean average precision，mAP）为 43.2%。

由于 YOLOv3 为多目标分类模型，因此其平均检测精确率不高，但考虑到本研究街道场景中实际存在的要素，选取机动车数量、自行车数量和人的数量三个要素作为视觉要素个数指标。此外，通过随机抽取 200 张街景图像，计算其漏检率为 7.5%，错检率为 6%，表明该模型在以上三项指标中的结果可满足本研究需求。视觉感知因子具体指标设置及计算见表 6-1。

---

① He K, Zhang X, Ren S, et al.2016. Deep residual learning for image recognition. 2016 IEEE Conference on Computer Vision and Pattern Recognition (CVPR): 770-778.

表 6-1　视觉感知因子具体指标设置及计算　　　　　　（单位：%）

分类	指标	出现次数占比	占比均值
街景要素占比	天空	96.830	18.277
	树木	98.631	17.204
	植物	81.199	2.681
	建筑	99.903	2.105
	路灯	93.084	0.399
	交通信号灯	94.349	0.197
	机动车	95.718	3.721
	自行车	40.577	0.075
	道路	99.941	30.124
	人行道	96.615	2.788
	栅栏	82.220	1.470
	墙面	81.455	1.797
	人	60.011	0.214
街景要素数量	机动车数量	35.386	——
	自行车数量	3.276	——
	人的数量	73.464	——

3. 城市街道的安全感知和舒适度模型

使用轻量级梯度提升树（light gradient boosting machine，LightGBM）算法对街道安全感知和舒适度与视觉感知因子进行建模分析。LightGBM 是基于梯度提升决策树（GBDT）的提升方法（Ke et al.，2017）。通过采用单边梯度采样（gradient based one-side sampling，GOSS），排除大部分小梯度样本，保留具有大梯度的样本计算信息增益，从而在保证模型精度的同时，减少训练数据量。该算法还引入了带深度限制的叶子生长（leaf-wise）策略，如图 6-15 所示。每次从当前所有叶子节点中找到分裂增益最大的一个叶子，进行分裂并不断循环。在分裂次数相同的情况下，带深度限制的叶子生长可降低误差并得到更好的精度。此外，最大树深（max-depth）的限制能够有效避免过拟合现象。因此，相较于传统算法，LightGBM 具有更快的训练速度、更低的内存消耗以及更高的准确率，是目前最优的提升方法之一。

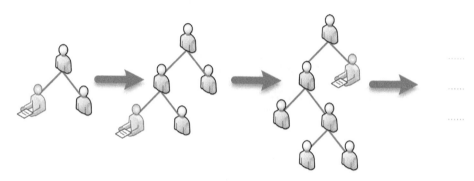

图 6-15　带深度限制的叶子生长示意图

通过调用 LightGBM 库中的 LGBMRegressor 工具实现 LightGBM 模型的构建。拟合模型是将所有采样点的街道安全感知和舒适度评分值分别作为因变量，各个视觉感知因子则作为自变量，以均方根误差和平均绝对误差为参数构建模型，对街道的安全感知、舒适度和视觉感知因子之间的拟合关系进行评估。

4. 案例研究

21 世纪以来，我国高等教育教学总规模呈现持续增长、飞速提升的发展趋势。据教育部 2020 年的统计数据显示，我国在校大学生人数高达 4183 万，与 2015 年相比增加了 1.13 倍。在校大学生规模的增长，无疑意味着各类大学校园、高校聚集区还将继续改建、扩建、新建（黄邓楷等，2018）。一方面，在高校校园社会化的发展趋势下，师生对校园及其周边城市环境的体验需求更加强烈，与城市空间的关联性逐步增强；另一方面，资源集约而整体开发建设的高校聚集区由于空间的高度开放共享，其物质环境及社会结构较为复杂，因而面临的环境问题也更加严峻。

兰州市是西北地区重要的中心城市和科研教育基地，2021 年在校生人数达 58.96 万，与 2016 年相比增长了 1.85 倍（兰州市统计局和国家统计局兰州调查队，2022）。安宁区是高校最为密集的主城区，高校数量占全市的 27.6%，其中集中在此区域的高校分别为兰州交通大学、甘肃政法大学、西北师范大学、甘肃农业大学、西北师范大学知行学院和兰州城市学院等 8 所高等院校。

再者，由于街道安全感知和舒适度数据集的标注人员主要为高校学生，以及考虑到环境安全感知调查实验的实施难度，选择高校更便于开展实验，且获得的实验数据可用性较高。因此，以高校聚集的西部城市兰州市安宁区进行街道安全感知和舒适度数据集的标注以及视觉要素的选定，兰州市安宁区高校聚集区概况如图 6-16 所示。

图 6-16　兰州市安宁区高校聚集区示意图

5. 模型的解释性分析

SHAP 是一种用于解释模型输出结果的工具，源自合作博弈论中的沙普利值（Shapley value）。其不仅可以量化每个样本中各个因素对模型预测值的影响大小，也能够反映影响的正负性，有机地将机器学习模型的全局性和局部性解释进行统一。因此，首先基于 SHAP 分析了视觉感知因子对城市街道安全感知的总体影响；其次探讨了视觉感知因子对城市街道舒适度的总体影响；最后提出了简要的规划建议。

视觉感知因子对城市街道安全感知的总体影响如图 6-17 所示，其中，左侧标签是各个要素根据重要性大小进行排序，下方横坐标为要素的 SHAP 值，即影响的权重，区域分布越宽表示该要素的影响力越大。图中每个点代表一个样本，颜色表示各个要素的数值大小，颜色越红说明数值越大，而越蓝则说明数值越小。由此可知，天空、人行道、树木及道路是影响力最大的四类视觉感知因子。具体而言，天空和道路的图像占比值越高，对街道安全感知的负向影响越大，街道安全感知程度越低；而人行道和树木的图像占比值越高，对街道安全感知的正向影响越大，街道安全感知程度也越高。此外，建筑、植物及人的存在对提升街道安全感知具有一定的促进作用，而墙面和机动车的存在则有抑制作用。交通信号灯、栅栏的图像占比值及人的数量、机动车数量和自行车数量等街景要素的影响并不显著。

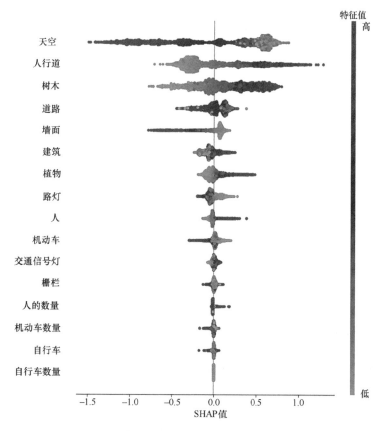

图 6-17　视觉感知因子对城市街道安全感知的总体影响

视觉感知因子对城市街道舒适度的总体影响如图 6-18 所示。墙面、树木、道路、天空、建筑及人行道是影响力最大的六类视觉感知因子。具体而言，墙面、树木和人行道的图像占比值越高，对街道舒适度的正向影响越大，行人舒适度越高；天空的图像占比值越高，对街道舒适度的负向影响越大，街道舒适度也越低；而道路和建筑与舒适度的关系较为复杂，即存在非线性关系。此外，交通信号灯和自行车的存在对提升街道舒适度具有一定的促进作用，自行车的数量影响并不显著。

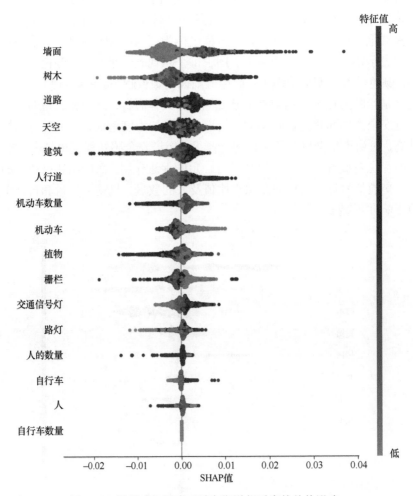

图 6-18 视觉感知因子对城市街道舒适度的总体影响

依据上述简要的分析，给出了简单的规划建议。在新区规划与旧城改造中，人行道和机动车道等在规划建设初期的工程，应充分考量该地区的交通需求量及人行流量，针对不同功能用途的街道分别进行设计，如商业街结合轨道交通站点出入口所在的人行道，需考虑高峰时段的通行量，避免出现人员拥挤带来的心理不适感；相比轨道交通站点，快速公交系统或公交走廊的客流量则相对较小，因此在这一位置的人行道可适量缩减宽度。

以兰州市安宁区学府路南段为例，其道路两侧的建筑与地平线存在一定高差，因此在商铺与地面之间设有台阶从而将二者连接，但这一措施极大地侵占了人行道，致使该路段两侧的人行道被迫与机动车道重合；同时，由于道路管理措施不完善，沿街停车现象极为严重，人们在这条与高校紧邻的街道步行时安全感与舒适度极低。

对于这一现实问题，一方面需要相关交通管理部门加强管制措施，严禁在路边长时间停放车辆；另一方面，可通过增设围栏等便捷的隔离带，在一定程度上维护行人步行的空间范围。此外，也要对商铺业主进行教育，规范其商业行为，避免商铺外延影响正常的行人通行。

如果这些规划建议能够被采纳，且城市中的规划问题能够被有效解决，那么辅助行人寻找具有安全感和舒适度道路的问题也就迎刃而解了。

6.4　灾害救援及辅助寻路

灾害救援及辅助寻路是微地图的一个典型应用，相比于现有的地图，微地图在灾害救援及辅助寻路中更具优势。首先，其能够从社交媒体数据中获取用户实时发布的信息，而这些信息恰恰是反映用户在实际灾害场景下的实时感知；其次，这些信息能够被提取且可视化成图，以地图的形式发布，能够精确、及时且清晰地描述灾害的实际状况；最后，为灾害救援和用户寻路提供可靠的服务。再者，传播快是微地图的特点之一。因此，灾害状况在不断更新、不断变化的过程中，可以依托于微地图的实时发布及时知晓灾害状况，不仅能够方便救援者获取最新的信息、参与到救援中，而且能辅助用户做出最优逃生路线的决策。

我国城市化的进程日益完善，发生的灾害也在增加。例如，强降雨带来的城市内涝、地下水位下降以及路基受损导致道路塌陷等。这不仅对当地造成了严重损害，也对国家发展构成了严重威胁（张冬冬等，2014）。因此，如何快速地将实时发生的灾害可视化（周延等，2022）、高效地利用地图进行灾害救援、为受灾群众提供最优的逃生路线等问题必须解决。当然，最优逃生路线的规划与道路交通情况紧密相连，这样则可保证可视化的内容与用户避险的需求相一致，进而延误救援或逃生的最佳时机（Liu，2015）。总之，微地图不仅要可视化灾害影响的范围，而且要提供最优避险或逃生的路线。

因此，将发表在社交媒体上的随笔、感想以及与灾害有关的信息作为数据源，利用文字识别技术提取城市中发生灾害的相关地点；提取到的地点被可视化后呈现在地图上，结合最短路径算法（如 Dijstra 算法或 A*算法等），为辅助救援提供实时信息，同时为受灾群众提供最优避险路径。

6.4.1　以郑州"7·20"特大暴雨灾害为例

郑州"7·20"特大暴雨灾害是指中国的河南省郑州市在 2021 年 7 月 20 日遭遇的持续强降雨所带来的灾害，造成大量人民群众被困。这次灾害属于城市内涝，造成了巨大的财产损失，并导致一定的人员伤亡。因此，此处以郑州"7·20"特大暴雨灾害为例，主要考虑到以下因素。

（1）郑州"7·20"特大暴雨灾害是中国中部城市罕见的自然灾害事件，在造成恶劣影响的同时，也为研究在城市中发生灾害时进行救援、避险以及快速逃生提供了宝贵的研究案例。

（2）收集发表在社交媒体上的信息，并将其通过一定的技术手段进行处理，能够实时获取灾害相关信息，辅助救援和提供最优的避险路径，为城市灾害提供了一个实际的应用场景，并且为验证微地图用于灾害救援和避险路径规划的有效性和可行性提供了案例。

（3）位于中国中部和黄河中下游的河南省郑州市，其降水集中在 7～9 月，容易频繁出现灾害性天气。因此，本研究也具有一定的应用意义，通过社交媒体数据和实时制图的方法，可以为城市规划和防汛减灾工作提供支持和指导，有助于提高城市的灾害应对能力和减轻灾害造成的损失。

6.4.2　最优灾害救援路径

利用地理编码的方法能够迅速地将城市中发生灾害的地点可视化，并在地图上显示。然而，在社交媒体上获取到的各类信息的形式极为复杂且用户在一些信息的描述上有一定差异，导致用户描述同一地点时，在进行处理后可能显示不同的位置信息。

为了克服可视化信息冗余且缺乏合适救援或避险路径的问题，在可视化数据的同时利用道路网数据，在地图上更清晰、聚焦地显示。此外，还能以更加直观的方式展现出灾害发生的位置，并且为救援、避险以及逃生提供更优质的服务。微地图中使用的道路网的数据源自 OpenStreetMap。

城市灾害发生地点在地图上通过实时显示的方式，结合道路网数据形成城市的灾害地图，不仅能够避免可视化灾害发生地点时产生冗余，而且有利于实施救援和避免灾难。具体而言，该地图有利于实施救援的用户制定有效、合理且精准的策略，对受灾者施以救援；避免灾难的用户则能够互帮互助，共同选取合适的避险路段。

6.4.3　最优避险路径的场景应用

实际场景中能够检验避险路径的优劣性。以高德地图、百度地图或谷歌地图等具有大尺度数据的地图为底图，选择具体某一个时间段内和某一个具体主题（如洪涝灾害等）的文本信息，通过信息提取所需数据并以可视化的方式在地图中显示。与此同时，受灾的路段被突出显示，根据用户想要到达的安全地点，以及用户此刻所在位置，告知用户突出显示路段为受灾路段，不可通行。另外，再规划或推荐一条最短且最优的路径，也就是本书一直所称的避险路径。

如上所述，这种方式不仅体现出微地图的特点——"微内容"，而且保证了地图内容与用户需求的一致性，从而更有利于地图的高效传播。对于需要避险的用户，突出显示受灾路段的信息为其规划和推荐能够避开受灾路段，且能快速避免二次受灾的路径。

当然，用户的需求也不仅如此，为满足不同用户多种多样的需求，根据不同的用途，为城市中受灾场景下可视化的信息（即在地图中的不同显示）赋予不同的标签，如回家路径规划图、实施救援规划图、驾驶汽车行驶图、骑行路线规划图、灾害期间物资互助图等。对不同的地图赋予不同的标签，不仅能够为其他用户提供便利，还使他们能够准确无误地使用相关标签的地图。

6.5　本　章　小　结

本章论述了微地图的应用范围，以辅助用户寻路，并帮助用户达到各自所需目标为主线，从依托地标进行辅助寻路、根据方向关系和不同参考框架的驱动进行导航辅助，到规划具有安全感和舒适度的街道路线、为灾害救援提供最优路线、为受灾人员规划最优避险路径方面展开，阐述了微地图在诸多方面的应用。当然，微地图的应用范围绝不局限于此，还有诸多方面的应用。

总之，构建微地图导航辅助系统在帮助用户寻路方面具有广阔的应用前景。

参　考　文　献

安莉娟, 丛中. 2003. 安全感研究述评. 中国行为医学科学, 12(6): 698-699.

何阳, 闫浩文, 王卓, 等. 2022. 面向微地图的地标提取方法及个性化寻路应用. 地球信息科学学报, 24(5): 827-836.

何阳. 2022. 面向微地图的地标提取方法及应用. 兰州: 兰州交通大学.

黄邓楷, 赖文波, 薛蕊. 2018. 基于 CPTED 理论的大学校园环境安全评价研究——以华南理工大学五山校区为例. 风景园林, 25(7): 36-41.

寇世浩, 姚尧, 郑泓, 等. 2021. 基于路网数据和复杂图论的中国城市交通布局评价. 地球信息科学学报, 23(5): 812-824.

兰州市统计局, 国家统计局兰州调查队. 2022. 2021 年兰州市国民经济和社会发展统计公报. http://tjj. lanzhou.gov.cn/art/2022/4/13/ art_4850_1110642.html[2023-10-5].

李心雨, 闫浩文, 王卓, 等. 2023. 街景图像与机器学习相结合的道路环境安全感知评价与影响因素分析. 地球信息科学学报, 25(4): 852-865.

闫浩文, 王小龙, 闫晓婧, 等. 2023. 微地图方向系统的构建方法: CN115588062B.

闫浩文, 张黎明, 杜萍, 等. 2016. 自媒体时代的地图: 微地图. 测绘科学技术学报, 33(5): 520-523.

张冬冬, 严登华, 王义成, 等. 2014. 城市内涝灾害风险评估及综合应对研究进展. 灾害学, 29(1): 144-149.

周延, 佘敦先, 夏军, 等. 2022. 基于水文水动力模型的 LID 措施对城市内涝风险的影响研究. 武汉大学学报(工学版), 55(11): 1090-1101.

Chen L C, Papandreou G, Kokkinos I, et al. 2018. DeepLab: Semantic image segmentation with deep convolutional nets. atrous convolution. and fully connected CRFs. IEEE Transactions on Pattern Analysis and Machine Intelligence, 40(4): 834-848.

de Silva C S, Warusavitharana E J, Ratnayake R. 2017. An examination of the temporal effects of environmental cues on pedestrians' feelings of safety. Computers, Environment and Urban Systems, 64: 266-274.

Denis M. 1997. The description of routes: A cognitive approach to the production of spatial discourse. Current Psychology of Cognition, 16: 409-458.

Gehl J. 2011. Life Between Buildings. Washington: Island Press.

Hall E T. 1966. The Hidden Dimension. NewYork: Doubleday.

Ke G, Meng Q, Thomas F, et al. 2017. LightGBM: A highly efficient gradient boosting decision tree. Advances in Neural Information Processing Systems, 30: 3146-3154.

Liu. 2015. Social sensing: A new approach to understanding our socioeconomic environments. Annals of the Association of American Geographers, 105(3): 512-530.

Márquez L. 2016. Safety perception in transportation choices: Progress and research lines. Ingeniería y Competitividad, 18(2): 11-24.

Pushkarev B, Zupan J M. 1975. Urban Space for Pedestrians. Cambridge: MIT press.

Redmon J, Farhadi A. 2018. Yolov3: An incremental improvement. arXiv preprint arXiv: 1804. 02767.

Slater K. 1985. Human Comfort. Springfield: CC Thomas.

Sorrows M E, Hirtle S C.1999. The nature of landmarks for real and electronic spaces// International Conference on Spatial Information Theory. Heidelberg: Springer: 37-50.

Untermann R K. 1984. Accommodating the Pedestrian: Adapting Towns and Neighbourhoods for Walking and Biking. New York: Van Nostrand Reinhold International.

Wang X, Yan H, Gao S, et al. 2022. We-Map orientation method suitable for general public with weak sense of orientation//International Conference on Spatial Data and Intelligence. Cham: Springer Nature Switzerland: 35-41.

Weng M, Xiong Q, Kang M, et al. 2017. Salience indicators for landmark extraction at large spatial scales based on spatial analysis methods. ISPRS International Journal of Geo-information, 6(3): 72.

Whyte W H. 2012. City: Rediscovering the Center. Philadelphia: University of Pennsylvania Press.

Yesiltepe D, Conroy D R, Ozbil T A. 2021. Landmarks in wayfinding: A review of the existing literature. Cognitive Processing, 22: 369-410.

第 7 章　微地图平台系统

作为一种面向平民大众并具有自媒体属性的新型地图，微地图以制作简便、易于传播为主要特点。微地图平台系统是微地图功能的直接载体，是用户可以方便、快捷、高效绘制和传播微地图的重要保证。

7.1　微地图平台需求分析

需求分析可以帮助确定微地图平台需要具备的功能和特性。深入了解用户需求和业务场景可以明确哪些功能是必需的，哪些是可选的，以及它们的优先级和关联性。这有助于在平台的设计和开发过程中有针对性地进行工作，从而提高开发效率并确保平台质量，提供出色的用户体验和价值。

微地图平台需求分析需要从用户分析、功能需求、技术需求 3 个方面进行阐述。本书在第 2 章中对微地图用户进行了详细的介绍与分析，故本节不对用户分析进行相关阐述，仅详细介绍微地图平台搭建中的功能需求与技术需求。

7.1.1　功　能　需　求

微地图平台从满足自媒体时代的快速、便捷的大众制图、传播和用图的需求出发，将现有的制图方式与信息传播方式进行整合，构建出体系完善、功能完备、稳定可靠、方便快速、满足大众在自媒体时代下的制图和用图需求的地图平台。通过移动端和 Web 端的信息平台，微地图平台上实现各层次用户的地图便捷化、个性化绘制，以及地图传输的便捷化、高效化和地图推荐浏览的精准化；通过对用户地图物品进行审核，去除不符合国家相关法律法规的地图物品，且对符合法律法规的地图数据进行有效整合，促使其发挥更大的社会价值。微地图平台功能包含基础功能、制图功能、地图推荐功能、地图自动审核功能 4 项。

1. 基础功能

微地图平台的基础功能应包含微地图用户信息管理和微地图基础地图功能。

1）微地图用户信息管理

微地图用户信息管理主要为用户提供注册、登录、个人信息完善、实名认证、地图作品管理等功能，其功能需求如表 7-1 所示，使用场景如表 7-2 所示。

表 7-1　微地图用户信息管理功能需求

用户	功能	输入	文本输出	地图输出	说明
所有用户	注册	手机号码、用户名、密码	无	无	无
	登录	手机号码、密码	无	无	第三方一键登录；密码重置
	个人信息完善	出生年月、性别、职业、爱好、手机号码、其余	无	无	无
	实名认证	人脸图像	无	—	无
	地图作品管理	地图作品		地图作品	

表 7-2　微地图用户信息管理使用场景

操作目的	步骤描述	结果展现
登录	进入平台可以浏览，但进行收藏、点赞、评论等操作时弹出登录界面	登录界面
注册	系统无该用户时，跳转注册界面；登录界面同一页留有入口	注册界面
个人信息完善	注册完成后，跳转到个人信息补全界面	信息录入界面
实名认证	发布、传播地图时，检测是否实名认证，未认证则弹出个人信息完善后，跳转实名认证界面	实名认证界面
地图作品管理	删除地图作品；自定义标签的分组管理、喜欢分组、收藏分组；缩略图查看、点击跳转地图浏览页	—

2）微地图基础地图功能

微地图基础地图功能主要包含地图作品的浏览、点赞、收藏、评论、地图使用与地图导出等，其功能需求如表 7-3 所示，使用场景如表 7-4 所示。

表 7-3　微地图基础地图功能需求

用户	功能	输入	文本输出	功能显示
所有用户	浏览	地图	—	整幅地图
	点赞	通过点赞按钮	—	点赞数+1
	收藏	通过收藏按钮	—	收藏数+1
	评论	评论（文字和表情）	评论	评论数+1
	地图使用	地图	—	地图导航界面
	地图导出	地图	导出完成	JPG/TIF/短视频

表 7-4　微地图基础地图功能使用场景

操作目的	步骤描述	结果展现
浏览	主页浏览地图的缩略图；点击缩略图进入当前地图；可放大、缩小、拖动、旋转	地图

续表

操作目的	步骤描述	结果展现
点赞	详情浏览界面可以点赞；点赞状态下，再次点击，则取消点赞	点赞数+1；点赞数−1 （一个用户只可点赞一次）
收藏	详情浏览界面可以收藏；收藏时可建立、选择分组	收藏数+1；收藏列表
评论	详情页下，点击评论按钮，展开评论页；评论页可查看评论、新增评论、点赞他人评论	评论信息
地图使用	若存在导航按钮，则可点击进入导航界面	导航界面
地图导出	详情页，点击导出按钮，导出地图	导出成功界面

2. 制图功能

1）手绘制图

手绘制图指可采用手绘的方式绘制点、线、面等地图要素；选中要素可以拖动十字框标；辅助精细定位可以对地图进行符号化和标注；按图层管理数据（GeoJSON），即每个存储要素包括数据、符号、标注，对每一类数据分别进行图层管理，其功能需求如表 7-5 所示，使用场景如表 7-6 所示。

表 7-5　手绘制图功能需求

用户	功能	输入	数据输出	地图输出
所有用户	点绘制	点	某点图层	地图点状标记
	线绘制	线	某线图层	地图线状标记
	面绘制	面	某面图层	地图面状标记
	拖动要素	选中某要素	某要素	整幅地图
	符号化	符号、图片（包括动图）、视频	符号化结果	符号化地图
	标注	文本	文本标记	标注的地图
		作者信息	文本标记	地图版权水印

表 7-6　手绘制图使用场景

操作目的	步骤描述	结果展现
点绘制	进入手绘页面；点击点状要素绘制按钮；单击绘制点；双指按压进行地图拖拽；双指缩放进行地图缩放	地图
线绘制	进入手绘页面；点击线状要素绘制按钮；选择绘制的线类型后开始绘制（包括折线、曲线）；双击完成绘制；双指按压进行地图拖拽；双指缩放进行地图缩放	地图
面绘制	进入手绘页面；点击面状要素绘制按钮；选择绘制的面类型后开始绘制（折线面、曲线面、折曲）；双击完成绘制；双指按压进行地图拖拽；双指缩放进行地图缩放	地图
拖动要素	选择要素选择按钮；单指点击或划定区域，选中要素；随后单指滑动拖动	地图
符号化	可以对某图层统一符号化：选中该图层，点击默认符号，进入修改符号按钮，选中符号；可以对单个要素进行符号化：进入符号化，选择该要素的默认符号，进入符号修改界面；符号库页面，建立自己的符号库：点击扩充符号库按钮，上传照片（包括 GIF）、视频（大小有限制）	地图
标注	点击要素，添加标注信息	地图

2）语义制图

语义制图指可采用语音和文字的方式绘制地图要素。选中要素可以拖动，能对地图进行符号化和标注；按图层管理数据（GeoJSON），即每个存储要素包括数据、符号、标注，对每一类数据分别进行图层管理，其功能需求如表 7-7 所示，使用场景如表 7-8 所示。

表 7-7　语义制图功能需求

用户	功能	输入	数据输出	地图输出	说明
所有用户	语音绘图	语音	地图数据	地图	无
	文本绘图	文本	地图数据	地图	无
	拖动要素	选中某要素	某要素	整幅地图	和手绘制图相同
	符号化	符号、图片（包括 GIF）、视频	符号化结果	符号化地图	和手绘制图相同
	标注	文本	文本标记	标注的地图	和手绘制图相同
		作者信息	文本标记	地图版权水印	

表 7-8　语义制图使用场景

操作目的	步骤描述	结果展现
语音绘图	进入语义制图界面；点击按钮，开始输入语音；显示识别的文本；可选择对文本进行二次编辑；点击完成制图；符号化（参见符号化部分）	地图
文本绘图	进入语义制图界面；点击按钮，开始输入文本；点击完成制图；符号化（参见符号化部分）	地图
拖动要素	选择要素选择按钮；单指点击或划定区域，选中要素；随后单指滑动拖动	地图
符号化	可以对某图层统一符号化：选中该图层，点击默认符号，进入修改符号按钮，选中符号；可以对单个要素进行符号化：进入符号化，选择该要素的默认符号，进入符号修改界面；符号库页面，建立自己的符号库；点击扩充符号库按钮，上传照片（包括 GIF）、视频（大小有限制）	地图
标注	点击要素，添加标注信息	地图

3）轨迹制图

轨迹制图指使用轨迹数据进行地图制作。轨迹制图可以对轨迹进行二次编辑；选中要素可以进行拖动，能对地图进行符号化和标注；按图层管理数据（GeoJSON），即每个存储要素包括数据、符号、标注，对每一类数据分别进行图层管理，其功能需求如表 7-9 所示，使用场景如表 7-10 所示。

表 7-9　轨迹制图功能需求

用户	功能	输入	数据输出	地图输出
所有用户	轨迹记录	GPS 信号	连续点数据（线数据）	轨迹地图

注：二次编辑功能和符号化，参照手绘制图执行。

表 7-10　轨迹制图使用场景

操作目的	步骤描述	结果展现
轨迹记录	进入轨迹制图页面；点击开始按钮，开始记录轨迹；中间可点击暂停按钮，停止记录；点击结束	轨迹地图

注：二次编辑功能和符号化，参照手绘制图执行。

4）地图上传

地图上传指上传由专业人员制作的地图（栅格、矢量）。矢量地图按图层管理数据（GeoJSON），即每个存储要素包括数据、符号、标注，其功能需求如表 7-11 所示，使用场景如表 7-12 所示。

表 7-11　地图上传功能需求

用户	功能	输入	数据输出	地图输出	说明
所有用户	矢量地图上传	矢量地图数据（GeoJSON）	矢量地图	地图	Web 端
	栅格地图上传	栅格地图（tiff、jpg 等）	栅格地图	地图线状标记	多端均可
	标注	文本	文本标记	标注的地图	—
		作者信息	文本标记	地图版权水印	

表 7-12　地图上传使用场景

操作目的	步骤描述	结果展现
矢量地图上传	Web 端进入矢量地图上传页面；点击按钮开始选择地图文件；地图文件校验；点击开始上传；上传成功，开始预览	矢量地图、缩略图
栅格地图上传	进入栅格地图上传页面；点击按钮开始选择地图文件；地图文件校验；点击开始上传；上传成功，开始预览	栅格地图、缩略图
标注	点击要素，添加标注信息	地图

3. 地图推荐功能

依据用户基本数据、用户历史行为数据、地图数据（包括地图内容）、地理位置数据等，为不同用户推荐其感兴趣的微地图；使用 OpenIM 开源框架，实现地图的传播；首页设置推荐、附近、搜索、关注、自定义标签等地图推荐功能。地图推荐功能需求如表 7-13 所示。

表 7-13　地图推荐功能需求

用户	功能	输入	数据输出	地图输出	说明
所有用户	推荐	用户基本数据 用户历史行为数据 地图数据	推荐地图	地图列表	无
	附近	当前位置坐标 （推荐功能+当前坐标）	附近的地图 （描述附近地物的地图）	地图列表	无
	搜索	关键词	搜索的地图	地图列表	无
	标签	标签	此类标签的地图	地图列表	无
	通信	好友、分组、群聊、语音、文字、表情、图片、视频、地图	好友、分组、群聊、语音、文字、表情、图片、视频、地图	—	即时通信页面
		推荐列表：每刷新一次，则更新推荐一次			

4. 地图自动审核功能

地图制作发布后，进入后台审核阶段，系统自动进行微地图的审核，审核合格则所有人可见，不合格则退回制图者，审核中的地图仅自己可见。地图自动审核功能需求如表 7-14 所示。

表 7-14 地图自动审核功能需求

用户	功能	输入	数据输出	地图输出
所有用户	地图审核	矢量地图	审核通过	地图列表
		栅格地图	审核中	
			审核不通过	
	返回审核不通过原因，以便用户修改地图			
	及时审核，随时推送审核状态			

7.1.2 技 术 需 求

微地图平台作为微地图各项功能的主要承载平台，其质量直接影响到用户的使用体验。依据微地图平台的功能需求与潜在用户人群和数量，微地图平台所使用的相关技术需要在前端开发、移动端支持、后端开发、地图绘制、数据可视化与分析、地图数据接入、地理坐标支持、数据库管理、用户权限和安全性、性能和可扩展性方面（图 7-1）满足一定的需求。

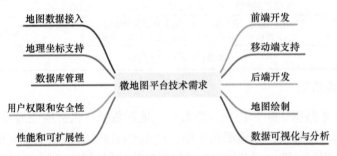

图 7-1 微地图平台技术需求

前端开发：微地图平台的前端界面需要友好、易用且具有良好的交互性。前端开发需要实现地图数据和个人数据的管理和更新的界面，包括添加记录、修改记录和删除记录等功能；需要实现通信、地图检索和个人数据可视化展示等功能的界面；需要着重考虑移动端的兼容问题；可以实现地理数据、地图作品等的上传功能。

移动端支持：考虑到移动设备的普及和用户的需求，微地图平台主要提供移动端的功能。这包括开发适配移动设备的移动应用程序或响应式网页设计，以便用户可以在手机或平板电脑上使用微地图平台。微地图的移动端平台是微地图平台建设的重点。

后端开发：微地图平台需要一个可靠的后端系统来处理用户请求和逻辑响应。后端开发需要实现数据表的记录操作功能，包括添加记录、修改记录和删除记录等功能的接口。此外，后端还需要提供与数据分析和可视化展示相关的功能接口。

地图绘制：为了实现用户的微地图制作功能，微地图平台需要具备地图绘制和图层叠加的功能，可以通过使用地图绘制库或地图服务提供商的 API（如 MapBox、百度地图、OpenLayer 等）来实现相关功能，以在地图上绘制点、线或面等地图要素。

数据可视化与分析：微地图平台需要支持数据的可视化和分析功能，包括统计图表的生成、空间分析功能的提供、数据筛选和过滤功能的实现等。为了实现这些功能，需要使用数据可视化库或地理信息系统（GIS）分析工具。

地图数据接入：微地图平台需要能够接入各种地图数据源，包括地图服务提供商所提供的产品、地理信息系统（GIS）数据、卫星影像等。需要注意数据源的选择和接入方式，以确保平台可以获取到丰富的地理数据用于展示和分析。

地理坐标支持：微地图平台应支持不同的地理坐标系统，以适应不同地区和应用场景的需求。这涉及坐标转换和投影变换等技术，以确保地理数据在不同坐标系下的准确性和一致性。

数据库管理：微地图平台需要具备高效的数据库管理能力，需要能够存储和管理大量的地图数据和用户数据。这包括设计和优化数据库结构、建立索引以提高查询性能、确保数据的安全性和完整性等。

用户权限和安全性：为了保护数据的安全性和用户隐私，微地图平台需要实现用户权限管理和数据访问控制。这包括用户身份认证、角色管理、数据加密和安全传输等功能，以确保只有授权用户才可以访问和操作相关数据。

性能和可扩展性：微地图平台需要具备良好的性能和可扩展性，能够处理大规模数据和高并发请求。这要求微地图平台采用合适的技术架构和优化策略，包括负载均衡、缓存机制、异步处理等，以提供流畅的用户体验和可靠的服务。

7.2　微地图平台界面与功能设计

7.2.1　微地图平台界面设计原则

1. 用户界面运作的一致性

对于列表框来说，如果双击其中的项，使得某些事件发生，那么双击任何其他列表框中的项，都应有同样的事件发生。所有窗口按钮的位置要一致，标签和信息的措辞要一致，颜色方案要一致，易于用户熟悉接纳，从而降低系统培训和支持成本。

2. 同时支持"生手"和"熟手"

对于"熟手"，微地图平台支持工具条等快捷的方式；对于"生手"，微地图平台提供显而易见的功能入口。

3. 布局

人们是自左而右、从上而下阅读，基于人们的习惯，屏幕的组织也应当是自左而右、从上而下。屏幕小部件的布局也应以用户熟悉的方式进行。

4. 色彩使用适当

色彩使用要谨慎。用户中可能存在色盲色弱人群，如果在屏幕上使用了色彩来突出显示某些东西，若想让该类用户注意到，那么需要做些另外的工作来突出它，如在其旁边显示一个符号，即色彩的使用需要和指示符结合使用。色彩的使用也需一致，以使整个应用软件有同样的观感。

5. 遵循对比原则

微地图平台中使用色彩时，要确保屏幕的可读性，最好的方法是遵循对比原则：在浅色背景上使用深色文字，在深色背景上使用浅色文字。蓝色文字以白色为背景很容易阅读，但以红色为背景很难辨认，问题出在蓝色与红色之间没有足够的反差，而蓝色与白色之间反差很大。

6. 灰掉而不是移走

在某些时刻，用户只能经常访问微地图平台的某些功能。例如，删除一个对象之前，要先选中对象，由此加深用户的心理模型。与对象相关的响应按钮或菜单应当移去还是灰掉？系统策略是灰掉，而不是移走，即当用户不使用时就使其变为灰色，可使得用户对如何使用微地图平台建立精确的心理模型。如果仅仅移走一个小部件或菜单项，而不是使其变为灰色，用户很难建立精确的心理模型，因为用户只知道当前可用的，而不知道什么是不可用的。

7. 使用非破坏性的缺省按钮

用户有可能会意外敲击回车键，导致激活了缺省按钮。缺省按钮不能有潜在的破坏性，如删除或保存。

8. 区域排列

微地图平台的屏幕有多个编辑区域时，要以视觉效果和效率来组织这些区域。

9. 屏幕不能拥挤

拥挤的屏幕让人难以理解，而且难以使用。有关实验表明，显示屏幕总体盖度不应超过 40%，而分组中屏幕盖度不应超过 62%。

10. 有效组合

逻辑上关联的项目在屏幕上应加以组合，以显示其关联性；反之，任何相互之间毫不相关的项目应当分隔开。项目集合间用间隔对其进行分组，用方框也同样可以做到这一点。

11. 在操作焦点处打开窗口

当用户双击一个对象显示其编辑/详情屏幕时，用户的注意力亦集中于此，所以在此处而不是其他地方打开窗口才有意义。

12. 弹出菜单不应是唯一的功能来源

如果微地图平台的主要功能被隐藏起来，用户就不能学会怎样使用。开发人员最让人灰心的做法是滥用弹出菜单，也称为上下文相关菜单。一种典型的鼠标使用方式是通过它来呈现一个隐藏的弹出式菜单，这个菜单为用户提供了对当前正在操作的屏幕区域中特定功能进行访问的权限。

7.2.2　微地图平台功能设计与界面效果

微地图平台包括主页（地图作品展示）、微地图广场、微地图绘制、个人中心和消息 5 个主题功能。

1. 主页

主页作为微地图平台开启后向用户展示的第一个界面，是放置当前产品最为核心的功能。作为一款以微地图理论为基础的地图展示绘制平台，微地图平台的主页突出微地图的展示与制作。此界面包含用户发布的微地图作品模块、本周推荐的微地图作品模块、标签栏、标签设置板块、搜索板块、个人中心板块、消息板块、地图广场板块、微地图绘制板块，其功能结构如图 7-2 所示，界面效果如图 7-3 所示。

2. 微地图广场

广场界面作为微地图的一个辅助功能的集成平台，主要体现微地图的社交属性。此界面包含个人中心板块、搜索板块、消息板块、悬赏板块、收支板块、联系人板块、下载板块、排行榜板块、热门悬赏板块、可能感兴趣作者板块、可能感兴趣群组板块，其功能结构如图 7-4 所示，界面效果如图 7-5 所示。

3. 微地图绘制

作为一款以微地图理论为基础的地图展示绘制平台，微地图平台的绘制界面是用户直接绘制微地图的平台。微地图绘制界面包含搜索板块、个人中心板块、消息板块、文字绘制板块、手绘板块、语音绘制板块、轨迹绘制板块、图层板块、颜色板块，其功能结构如图 7-6 所示，界面效果如图 7-7 所示。

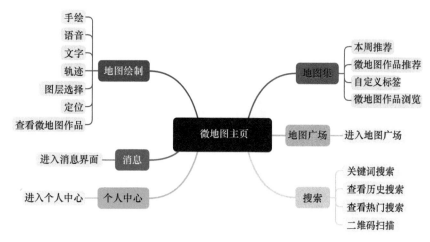

图 7-2　主页功能结构

图 7-3　微地图主页界面效果

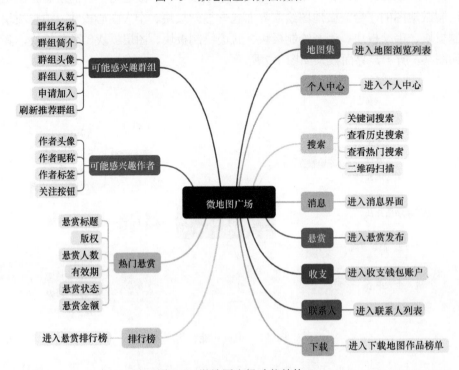

图 7-4　微地图广场功能结构

图 7-5　微地图广场界面效果

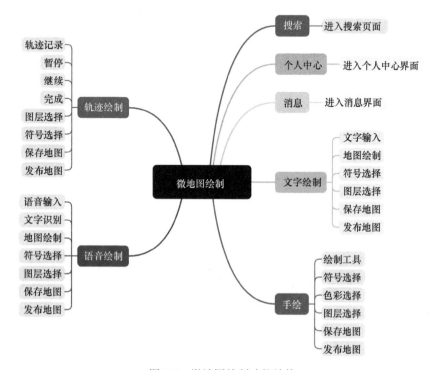

图 7-6　微地图绘制功能结构

图 7-7　微地图绘制界面效果

4. 个人中心

个人中心界面主要是管理用户的个人信息以及相关地图作品的板块。此界面包含作品板块、收藏板块、点赞板块、浏览历史板块、作品搜索板块、设置板块、主页、个人信息板块，其功能结构如图 7-8 所示，界面效果如图 7-9 所示。

5. 消息

消息界面是用户交流的主要平台，用户可对微地图信息进行分享与交流，同时可以接收系统或群组消息。此界面包含系统消息板块、私信板块、好友消息板块、群组消息板块、消息设置板块、联系人板块、全部消息板块，其功能结构如图 7-10 所示，界面效果如图 7-11 所示。

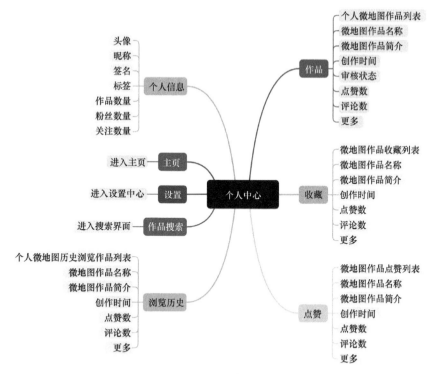

图 7-8　微地图个人中心功能结构

图 7-9　微地图个人中心界面效果

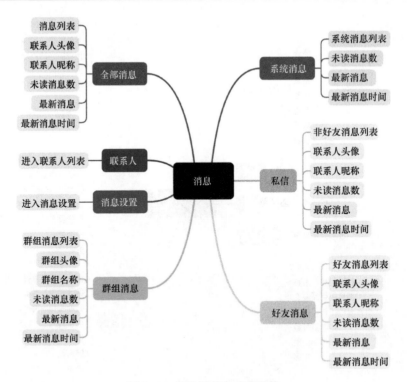

图 7-10 微地图消息功能结构

图 7-11 微地图消息界面效果

7.3　微地图平台架构

7.3.1　系统总体结构

微地图平台系统总体架构由基础设施层、数据层、应用支撑层、应用层组成，图 7-12 显示了微地图平台系统总体结构。

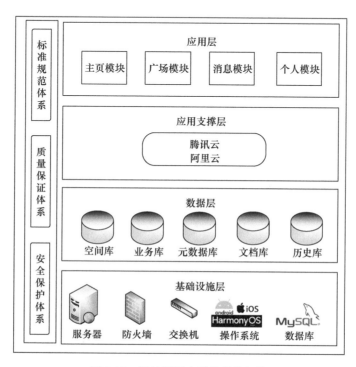

图 7-12　微地图平台系统总体架构

1. 基础设施层

基础设施层是系统高效、稳定、安全运行的重要保障。根据系统运行的实际需求，系统的基础设施包括网络设施、服务器、软件设施等。网络设施包括防火墙、路由器、交换机等；服务器包括应用服务器、数据库服务器、文件服务器、产品分发服务器等；软件设施包括操作系统、数据库管理系统和地图服务平台等。

防火墙、路由器以及交换机是在部署系统局域网时以及为增强系统安全所必需的基础设施。

服务器由两台或更多组装服务器组成，形成服务器"集群"，通过"负载均衡"原理，使其并发和性能达到最优。

操作系统为微地图系统提供了良好的操作、交互平台；数据库管理系统（如 MySQL），提供海量数据存储、访问功能；地图服务平台提供基于位置信息的数据管理、查询、分析与显示功能。

2. 数据层

数据存储层包括空间数据库和非空间数据库,空间数据采用空间数据库引擎来存储和管理矢量数据、栅格数据(包括影像)和数字高程数据,非空间数据采用 MySQL 来存储和管理。

空间数据库主要由基础地理数据库和专题数据库构成,非空间数据库主要由业务数据库和文档数据库组成。基础地理数据库主要存储和管理各种基础地理数据,该数据库是地图应用的前提。

数据访问层主要提供空间数据库和非空间数据库的数据访问接口,空间数据访问主要通过空间数据访问引擎(SDE)来完成,非空间数据访问通过 Servlet 应用程序来完成。

数据访问层提供插件机制可以提高数据访问引擎的扩展能力,以满足对各种数据格式的支持。

3. 应用支撑层

应用支撑层通过品高云应用支撑平台(BingoFuse)提供的基础服务和 OpenIM 开源框架,开发微地图平台中的通信功能,通过百度地图、高德地图等提供的基础地图服务,实现地图绘制功能、数据支撑功能、地图自动审核功能。

4. 应用层

提供手机、平板、笔记本电脑、台式电脑等多种展示方式,是微地图系统对外产品分发和对外服务的重要途径。

7.3.2 系统逻辑结构

微地图系统从逻辑结构上可以划分为三层:数据层、服务端和客户端,客户端响应用户的功能请求,对需要完成的功能数据通过服务端进行获取,数据层提供数据的支撑,如图 7-13 所示。

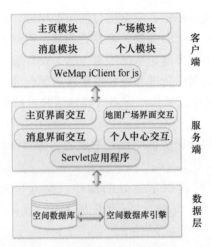

图 7-13 微地图系统逻辑结构

7.4　本　章　小　结

本章从微地图平台的需求、界面与功能设计、平台架构出发，对微地图平台的建设过程进行了详细阐述，因具体功能实现复杂，故不进行相关描述。本章首先从微地图平台需求出发，分析了微地图平台构建中的功能需求和技术需求；其次介绍了微地图平台界面设计原则，进而在其界面设计原则的指引下进行了平台具体功能设计与界面设计；最后对微地图系统的总体架构进行了介绍。

第8章 结 论

8.1 本书的主要贡献

本书提出了微地图这一在自媒体时代的新型地图，对其用户类型、地图符号、制作方法、传播方式、应用、平台系统等进行了较为系统的论述，主要创新和贡献包括以下六方面。

(1) 本书首次提出了微地图这一新型地图，给出了微地图的定义、分类，阐释了微地图的特点，为深入研究微地图的理论、方法和制作技术奠定了基础。

(2) 本书系统研究了微地图用户，给出了微地图用户的构成、分类、特点、建模方法，为微地图符号、微地图制作和微地图传播等研究提供了基础。

(3) 符号是地图制作和应用的基础，视觉符号又是其中的重点。本书阐释了微地图符号的特点和视觉变量，由此提出了微地图符号的制作方法。

(4) 本书提出了微地图手绘制图、手势制图、语义制图的制作方法，他们是三类用途较为广泛的微地图。

(5) 微地图的传播方法与常规地图有一定差别。本书提出了微地图的传播方式、微地图的推荐系统、微地图推荐系统构建的关键技术等，这些内容均是首创性的成果。

(6) 微地图平台是微地图理论和制作、传播方法的验证工具。本书详细阐释了微地图平台的需求分析，简述了微地图平台的功能设计与界面设计，给出了微地图系统实现的总体架构。

8.2 仍需研究的问题

微地图属于地图学领域的新生事物，目前还处于"幼年"时期。虽然已经在微地图的基本概念、符号化理论、制作方法、系统平台研发等方面取得了一些有价值的研究成果，但还有许多重要的理论、方法和技术问题需要突破。概括起来看，至少有以下问题值得继续探究。

(1) 微地图是自媒体时代的新地图类型，其主要载体是手机等移动通信设备，故其符号应是多媒体的。本书只讨论了基于视觉变量的地图符号，对声音、视频等变量在微地图符号中的作用及应用方式还没有进行深入的研究。

(2) 微地图的制作方法很多，有众帮微地图、微地图手绘制图、微地图语义制图、微地图手势制图等多种。本书只研究了微地图手绘制图、手势制图和语义制图的制作方法，其他类型的微地图制作方法和其中的关键技术还未探究，如何把微地图制作的各种方法合理地结合在一起运用仍需要研究。

（3）微地图的语义制图、手势制图是快速进行地图制作的两个重要研究方向，但是这两类微地图的制作方式中还有许多难题需要解决，如语音、手势的语义如何快速识别，识别后的空间信息和非空间信息如何转换为地图符号，语音微地图或手势微地图由于语音或手势的加入和其他类型的微地图在可视化表达上有什么区别等，以上问题还需要进一步深入研究。

（4）微地图的传播有别于传统地图的传播。传统地图传播以由点到面的广播形式为主，微地图传播则主要有点对点的传播（类似于微信中人与人之间的聊天）、点对面的传播（类似于微信中的个人发朋友圈）、面对面的传播（类似于两个群体之间的舆论宣传）。本书论述的微地图推荐系统主要是点对面的传播形式，点对点和面对面的传播形式还需要深入研究。

微地图中需要探索的课题当然不限于以上问题。随着微地图系统的推广应用，微地图数据会大量积累，出现微地图大数据的处理和深度应用问题；微地图的用户类型和数量逐渐增加，如何分析这些人群的行为、习惯、爱好，以便使微地图更好地为用户服务，也是一个重要的研究课题。所以，微地图中不仅有还未解决的老问题，还有未来要出现的新问题，其研究任重道远。